普通高等教育“十三五”规划教材

有机化学实验

马 楠 杨宇辉 主编

化学工业出版社

·北京·

《有机化学实验》内容分六部分：

1. 化学合成实验的一般知识；

2. 基本实验操作、鉴定、分离提纯方法，列入 10 个基本单元操作实验；

3. 基础实验，按照化合物的分类进行实验项目的设置，列入了 39 个实验，涉及有机化学中的典型反应和一些常用反应类型；

4. 绿色合成实验，介绍绿色合成化学概念，列入 6 个绿色合成实验；

5. 多步骤化学实验，列入 12 个多步化学实验，涉及前面的各种单元操作；

6. 微波辐射有机合成，列入 4 个基本有机合成实验。

书末附有溶剂的干燥方法、某些溶剂的精制和常用有机溶剂的纯化方法。书后附送实验报告。

《有机化学实验》既可作为化学、化工、材料、生物、医学等相关专业的本科有机化学实验的教材用书，也可作为相关技术人员及研究生的实验参考书。

图书在版编目（CIP）数据

有机化学实验/马楠，杨宇辉主编. —北京：化学工业出版社，2018.8（2025.5 重印）
普通高等教育“十三五”规划教材
ISBN 978-7-122-32443-6

Ⅰ.①有… Ⅱ.①马… ②杨… Ⅲ.①有机化学-化学实验-高等学校-教材 Ⅳ.①O62-33

中国版本图书馆 CIP 数据核字（2018）第 135261 号

责任编辑：刘俊之　　文字编辑：陈　雨
责任校对：王素芹　　装帧设计：韩　飞

出版发行：化学工业出版社（北京市东城区青年湖南街 13 号　邮政编码 100011）
印　　装：北京盛通数码印刷有限公司
787mm×1092mm　1/16　印张 17¾　字数 277 千字　2025 年 5 月北京第 1 版第 7 次印刷

购书咨询：010-64518888　　售后服务：010-64518899
网　　址：http://www.cip.com.cn
凡购买本书，如有缺损质量问题，本社销售中心负责调换。

定　　价：35.00 元

前言

有机化学实验是有机化学教学的重要环节，是培养学生掌握实验基本技能和技术、提高动手能力的基础课程。本书是编者在总结了在同济大学的多年有机化学实验教学经验，并参阅了国内外的相关教材与文献的基础上编撰而成。

《有机化学实验》编纂按照由浅入深、循序渐进的方式安排实验内容，注重系统性、实用性，兼顾基础与前沿。内容包括实验基础知识、基础实验、绿色合成实验、多步骤化学实验和微波实验等部分。在实验基础知识中简要介绍了实验安全、常用仪器与设备、加热与冷却、实验报告格式等实验前准备内容，适合学生自学。基础实验以官能团分类编排了各种有机物的制备与提取，包括天然有机物的提取与柱色谱的应用等实验。这些实验操作较为简单，结合相关有机化学的理论教学，以验证性实验为主，以培养学生的动手能力、掌握基本的有机实验技能为目的。随着人们对环境和自身健康的日益重视，倡导减少或停止使用那些有害试剂的绿色化学逐渐发展起来。故在本书中，特别安排了一章绿色合成实验，同时对某些基础实验进行了改进，以尽量避免或减少有毒有害试剂的使用。现代有机合成不但可以合成大量的结构复杂而多样的次生生物代谢物、核酸、蛋白质等，而且能合成大量的自然界中没有的具有独特功能性分子的物质。这就需要从简单的原料经多步反应转化成较为复杂的化合物。在本书中选取了一些相对成熟的多步骤合成实验，使学生对现代有机合成技术能有更切合实际的体验。微波作为一种传输介质和加热能源，在有机合成中的应用不断扩大，编者也选取了一些相关实验，以扩展学生的视野。我们还将成熟的科研实验转化为本科教学案例，设计了合成草莓酯的实验，在教学中取得了良好的效果，并特别编入本书。

《有机化学实验》是由同济大学化学科学与工程学院马楠和杨宇辉主持编纂，得到本学院有机化学教研室的大力支持，于辉、张俊勇、蒋忠良、张荣华等几位老师对有关内容予以悉心指导，在此致以由衷的感谢。

《有机化学实验》既可作为化学、化工、材料、生物、医学等相关专业的本科有机化学实验的教材用书，也可作为相关技术人员及研究生的实验参考书。

由于编者水平有限，书中难免有不妥之处，敬请读者赐教指正。

编　者

2018 年 3 月

目 录

第1章 化学合成实验的一般知识

1.1 实验室规则 …… 1
1.2 实验室安全、事故的预防和处理 …… 2
  1.2.1 实验室的安全守则 …… 2
  1.2.2 实验室事故的预防 …… 2
  1.2.3 已发生事故的处理 …… 4
1.3 有机实验常用玻璃仪器 …… 5
  1.3.1 常用的玻璃仪器 …… 5
  1.3.2 玻璃仪器的清洗 …… 7
  1.3.3 化学合成实验常用装置 …… 7
1.4 加热和冷却 …… 10
  1.4.1 加热 …… 10
  1.4.2 冷却 …… 12
  1.4.3 合成化学实验中常用的仪器设备 …… 12
  1.4.4 钢瓶 …… 19
1.5 实验预习、过程和实验报告 …… 19
  1.5.1 实验预习 …… 19
  1.5.2 实验过程 …… 20
  1.5.3 实验报告 …… 20

第2章 基本实验操作、鉴定、分离提纯方法

实验一 简单玻璃工操作 …… 21
实验二 熔点的测定及温度计校正 …… 23
实验三 蒸馏及沸点的测定 …… 28
实验四 重结晶及过滤 …… 31
实验五 水蒸气蒸馏 …… 38
实验六 萃取与洗涤 …… 40

实验七 减压蒸馏 …… 44
实验八 折射率的测定 …… 47
实验九 旋光度的测定 …… 50
实验十 薄层色谱和柱色谱 …… 53

第3章 基础实验

3.1 烷烃的制备 …… 61
实验十一 正癸烷和十二烷的制备 …… 61
3.2 烯烃的制备 …… 63
实验十二 环己烯的制备 …… 63
实验十三 反-1,2-二苯乙烯 …… 65
3.3 卤代烃的制备 …… 67
实验十四 溴乙烷的制备 …… 67
实验十五 正溴丁烷的制备 …… 69
实验十六 苯基烯丙基溴的制备 …… 71
3.4 醇的制备 …… 72
实验十七 三苯甲醇的制备 …… 72
实验十八 水杨醇的制备 …… 74
实验十九 绝对乙醇的制备 …… 75
3.5 醚的制备 …… 77
实验二十 正丁醚 …… 78
实验二十一 β-萘乙醚的制备 …… 79
3.6 醛、酮的制备 …… 81
实验二十二 正庚醛的制备 …… 81
实验二十三 2,3-二氢-1-茚酮的制备 …… 83
实验二十四 二苯甲酮的制备 …… 85
实验二十五 二苯亚甲基丙酮 …… 86
3.7 羧酸的制备 …… 87
实验二十六 己二酸的制备 …… 88
实验二十七 苯甲酸的制备 …… 89
实验二十八 10-苯基癸酸的制备 …… 90
实验二十九 反丁烯二酸的制备 …… 91
实验三十 肉桂酸的制备 …… 93
3.8 酯的制备 …… 94
实验三十一 乙酸乙酯的制备 …… 95
实验三十二 乙酸正丁酯的制备 …… 96
实验三十三 苯甲酸乙酯的制备 …… 98
实验三十四 阿司匹林（Aspirin）的合成 …… 99

实验三十五　乙酰乙酸乙酯的制备 …… 101
3.9　坎尼扎罗反应（Cannizzaro 反应） …… 103
实验三十六　苯甲酸和苯甲醇的制备 …… 103
实验三十七　呋喃甲醇与呋喃甲酸的制备 …… 104
3.10　芳香化合物的亲电取代反应 …… 106
实验三十八　邻硝基甲苯，对硝基甲苯和 2,4-二硝基甲苯的制备 …… 106
实验三十九　邻硝基苯酚和对硝基苯酚的制备 …… 108
3.11　胺类的制备及反应 …… 110
实验四十　乙酰苯胺的制备 …… 110
实验四十一　α-苯乙胺的制备 …… 112
实验四十二　偶氮苯的制备 …… 113
实验四十三　甲基橙的制备 …… 114
实验四十四　对位红的制备 …… 116
3.12　天然产物的提取 …… 117
实验四十五　从茶叶中提取咖啡因 …… 118
实验四十六　从橙皮中提取橙皮碱 …… 121
实验四十七　从黑胡椒中提取哌啶衍生物 …… 122
3.13　柱色谱的应用 …… 123
实验四十八　荧光黄和亚甲基蓝的分离 …… 123
实验四十九　绿色植物色素的提取及色谱分离 …… 125

第 4 章　绿色合成实验

实验五十　草莓酯的制备 …… 128
实验五十一　L-(+)-酒石酸二乙酯的制备 …… 130
实验五十二　在蒙脱石 K10 的催化下制备席夫碱 …… 131
实验五十三　对甲氧苯亚甲基乙酰丙酮的合成 …… 132
实验五十四　己二酸的绿色合成 …… 133
实验五十五　乙酰香豆素的合成 …… 134

第 5 章　多步骤化学实验

实验五十六　大环聚醚的制备 …… 136
实验五十七　β-甲基肉桂酸的制备 …… 138
实验五十八　β-氨基酸酯衍生物的手性合成 …… 139
实验五十九　2,4-二甲基吡咯-5-羧酸乙酯-3-羧酸的合成 …… 141
实验六十　香豆素-3-羧酸 …… 143
实验六十一　ε-己内酰胺 …… 145

实验六十二　植物生长调节剂的制备 …… 147
实验六十三　对氨基苯磺酰胺（磺胺）的制备 …… 148
实验六十四　局部麻醉剂苯佐卡因的制备 …… 150
实验六十五　二苯基羟乙酸的合成 …… 152
实验六十六　异巴豆酸的制备 …… 155
实验六十七　乙酰二茂铁的合成 …… 157

第6章　微波辐射有机合成

实验六十八　微波辐射合成正溴丁烷 …… 159
实验六十九　微波辐射合成乙酰苯胺 …… 161
实验七十　微波辐射合成乙酸乙酯 …… 162
实验七十一　微波辐射合成肉桂酸 …… 163

附　录

附录一　溶剂干燥方法 …… 165
附录二　溶剂的精制方法 …… 168
附录三　常用有机溶剂的纯化 …… 170

参考文献

附：有机化学实验报告

第1章 化学合成实验的一般知识

1.1 实验室规则

有机化学实验是化学及相关专业的重要基础课程，其教学目的有两个，一是培养学生掌握有机化学的基本操作技能，验证有机化学基础理论知识，并加深学生对基础理论和有机反应机理的理解。二是培养学生发现问题、解决问题的能力和创新能力以及学生实事求是、细致严谨的科学态度。

有机化学实验的核心是化学合成。化学合成是一种表现非凡创造力和极具挑战性的工作。人们在了解自然、认识自然的过程中，阐明了很多天然产物的化学结构，有机合成工作者则用化学合成的方法来复制来证明它的结构；或根据人们的需要对某些结构进行改造或创造出全新的结构。这些复杂的工作往往是在实验室完成的。这不仅要求工作者要具备敏捷的思维、智慧和熟练的实验技巧，也需要有良好的实验习惯，以保证实验的顺利进行。或许是一次小小的不规范的习惯性操作，就让我们与科学的正确结果失之交臂。对本科生而言，要练就熟练的实验技巧，养成良好的实验习惯，并非一朝一夕就可以达到这一目的，需要经过大量的实验技能培训过程。在进入实验室之前必须先了解并严格遵守化学实验室的规则。

① 进入实验室前，必须对相关实验内容进行预习，明确实验目的、原理和实验方法，了解实验所用药品的性质及可能引起的危害。

② 进入实验室应穿实验服，不得穿拖鞋、热裤以及过度暴露的衣服；长头发要束紧扎起，不能披散头发；不得将食物带进实验室，严禁在实验室吃东西。

③ 按作息时间准时进入实验室，实验前检查仪器是否完好无损；实验过程中应自始至终保持安静，不得交头接耳，更不能谈论与实验无关的内容。

④ 熟悉实验室环境、灭火器材和急救药箱的放置地点和使用情况，严格遵守实验室的安全守则、实验步骤中药品使用和操作的安全注意事项。牢记意外事故发生时的处理方法及应变措施。

⑤ 实验过程中要集中精力，严格按操作规范进行每一步实验。仔细观察并做好记录，尊重实验结果。当实验结果与教材告知的实验结果有出入时，应积极思考，分析问题，找出原因。

⑥ 实验过程中不得擅自离开实验岗位。

⑦ 虚心听取教师的指导，不得随意改变实验步骤和方法，严格按照教材规范的步骤、仪器及试剂的用量和规格进行实验。若要以新的路线和方法进行实验，应征得教师的同意，才能更改。实验过程中若出现意外，不能随意结束实验，应积极主动请教教师，找出一个最佳的解决方案。

⑧ 保持实验室的清洁卫生，实验器材、仪器及药品不能乱丢乱放。遵守公共实验台药品取用的规定，废弃物应分别放在指定的地点，回收溶剂、液体废弃物要倒入指定容器中。

⑨ 节约用水、电和煤气，严格按实验要求使用药品。

⑩ 实验结束后应及时清洗仪器、整理实验台，若有仪器损坏应告知老师；值日生打扫实验室，整理公用仪器和药品，倒垃圾；检查水、电、煤气及门窗，报告教师后方可离开实验室。

1.2 实验室安全、事故的预防和处理

化学合成使用的原料和溶剂多数是有毒、可燃、有腐蚀性和挥发性，甚至有爆炸性；使用的仪器大部分是玻璃制品。特殊条件下，还需涉及高温高压和有毒气体，如高压釜、钢瓶的使用等。因此，在化学合成过程，要严格按正确的操作规范进行每一步实验，充分认识药品的理化性质，掌握仪器的使用方法，了解潜在的危险，集中精力，避免发生人员伤害、火灾、爆炸等事故。

1.2.1 实验室的安全守则

① 进入实验室前，要熟知紧急喷淋的位置及使用；熟悉安全用具如灭火器材、砂箱以及急救药箱的放置地点和使用方法。安全用具和急救药品应放置在方便的地方，且不能移作他用。

② 设计合理的实验步骤，尽量选择反应条件温和的合成路线。

③ 确保仪器完好无损，正确安装实验装置。实验装置安装完毕后，征得指导教师同意后，方可开始实验。

④ 实验过程中，仔细观察实验进行的情况，不得离开岗位，不得嬉笑打闹。

⑤ 对所进行的实验的危险性要有充分的认识，要采取必要的安全措施。必须穿戴实验服，不能穿短袖、短裤、拖鞋；佩戴安全眼镜（塑料材质），普通的近视眼镜无法起到保护作用；长发必须扎紧束起，不可披散开来。

⑥ 使用易燃、易爆药品时，应远离火源。实验试剂不得入口。严禁在实验室内吸烟、喝水或吃食物。实验结束后要细心洗手，不要用溶剂来清洗沾在皮肤上的化学药品。

1.2.2 实验室事故的预防

（1）火灾的预防

实验室中使用的有机溶剂大部分是易燃的。因此，着火是有机合成的常见事故。防

火的基本原则有如下几点：

① 在操作易燃的有机溶剂时要特别注意，实验装置的安装应远离火源，勿将易燃液体化合物放置在敞开的容器中加热。实验室常见的易燃溶剂有乙醚、二硫化碳、烃类（己烷、苯、甲苯等）、醇类、酮类（丙酮、丁酮）以及酯类（乙酸乙酯）等。

② 对低沸点易燃有机化合物应使用水浴进行加热，也可使用蒸汽浴或电热装置。当可燃液体在加热蒸馏和回流时，应确保所有接头紧密且无张力。蒸馏时接引管的出口应远离火源，特别对于低沸点的物质如乙醚，应用橡皮管引入下水道或室外。

③ 在明火几米的范围内勿将可燃溶剂从一个容器倒至另一容器。在进行易燃物质实验时，应先将乙醇等易燃物搬开。

④ 决不可以加热一个密封的实验装置（即使装有冷凝管），因为加热而导致的压力增加会引起装置炸裂，引发火灾。

⑤ 用油浴加热，必须十分注意避免水的溅入，特别是冷凝水。

⑥ 凡涉及放热反应操作时，应准备冷水或冷水浴。一旦发现反应失去控制时即能将反应器浸入冷水浴中冷却。当用电加热套对装置进行加热时，电加热套应有足够的活动空间，以便在加热剧烈时能拆卸。

⑦ 不得把燃着或带有火星的火柴梗或纸条等乱抛乱丢，也不能丢入废物缸中，以免发生危险。

（2）爆炸的预防

① 实验室要保持室内空气畅通，避免易燃气体或有机溶剂蒸气在室内聚集；反应过程中要避免气体泄漏。因为一些气体或有机熔剂的蒸气与空气相混时，在一定的比例范围内，如遇到一个热的表面或者一个火花、电火花就会引起爆炸，造成安全事故。

② 蒸馏装置的安装必须与大气相通，绝不能密闭。减压蒸馏时要用圆底烧瓶作接受器，不能用锥形瓶。否则，易发生爆炸。

③ 在使用醚类化合物前必须检查有无过氧化物存在（可用2%碘化钾溶液及淀粉试纸、亚铁氰化钾等），如果有过氧化物存在时，应用新制硫酸亚铁溶液除去过氧化物，才能使用，以免发生爆炸。对于以过氧化物作引发剂的那些反应，在后续操作中应特别注意。

④ 卤代烷与钠的反应剧烈，易发生爆炸，应分隔放置，金属钠屑须放在指定的地方。

⑤ 对于易爆炸的固体，如炔化银、炔化亚铜、苦味酸的金属盐、三硝基甲苯等都不能重压或撞击，以免引起爆炸，残渣必须小心销毁。例如，炔化银、炔化亚铜可用酸使它分解而销毁。

（3）玻璃割伤的预防

玻璃割伤是常见的事故之一。避免玻璃割伤的最基本原则是切记勿对玻璃仪器的任何部分施加过度的压力或张力。

① 当玻璃部件插入橡皮或软木塞的时候，务必将手握在玻璃部件靠近橡皮或软木塞的部位。

② 有张力的玻璃仪器在加热时会破碎，因此，安装实验装置时避免粗心而使装置产生张力。

③ 玻璃管的截断操作：锉痕和折断。锉痕时只能向一个方向，不能来回拉锉；锉

出凹痕后，两手分别握住凹痕的两边，凹痕向外，两个大拇指分别按在凹痕后面的两侧，用力急速一压带拉。为了安全起见，常用布包住玻璃管，并尽可能远离眼睛，以免玻璃破碎伤人。

(4) 使用危险化学药品的注意事项

① 在使用化学药品前，应查阅相关资料，了解其毒性以及其他生理作用。如果不清楚所用化学药品的性质，请将其视为危险品，按照危险品操作规程使用。

② 可燃性试剂必须放在专门的可通风的橱柜中贮藏。使用时避免明火。可燃性液体易挥发，当达到一定浓度的时候，遇明火发生爆炸，且爆炸威力巨大。

③ 固体或非可燃性液体物质发生爆炸的概率比可燃性液体小很多，但有些物质如过氧化物、炔基金属化合物、叠氮化合物、硝基化合物、亚硝基化合物、重氮盐、臭氧化合物等对撞击和热很敏感，使用时应注意避免碰撞与高温。然而这些化合物对于撞击或热的敏感程度并不相同，在实验室要引爆 TNT（2,4,6-三硝基甲苯）不容易，但硝酸甘油却很容易发生爆炸。

④ 过氧化物是实验室中潜在的安全隐患，它们是物质在氧气和光照的存在下自氧化生成的。醚类，特别是环状醚和由伯醇或仲醇生成的醚如四氢呋喃、二异丙醚，很容易自氧化生成过氧化合物。其他化合物如醛类、烯烃——尤其是含有烯丙基的烯烃如环己烯、含有苄基氢原子的化合物如异丙苯、乙烯基化合物如乙酸乙烯酯，也很容易生成过氧化物。过氧化物自身爆炸威力不是很大，但它们对撞击、火星、光、热、摩擦非常敏感。在对以上化合物进行蒸馏提纯的过程中，很容易形成过氧化物，过氧化物会在蒸馏的残余物中堆积，很容易因为过热而发生爆炸，因此在蒸馏以上化合物的时候，切记不要蒸干!! 醚类是实验室常用的有机溶剂，乙醚试剂瓶一旦被打开，要对其进行标记(时间)，若超过一个月的时间没有被使用，再次使用的时候，一定要进行过氧化物的检测，将过氧化物分解后再使用。

⑤ 使用具有腐蚀性化学药品如浓酸、浓碱及氧化性试剂时，一定要注意防护：避免试剂与皮肤、眼睛接触；并避免倒洒或者溅出；避免吸入腐蚀性气体。如浓硫酸既是强酸又是强脱水剂，会导致严重烧伤。

⑥ 剧毒化学药品如氰基化合物、芳香胺、含卤素化合物等，这些化合物具有特殊的毒性，会影响人体的代谢过程，使用时要格外注意保护!

⑦ 切勿让化学物品不必要地与皮肤接触，特别注意避免伤口及创伤部位与试剂接触。不要用诸如丙酮、酒精之类有机溶剂洗涤皮肤上的化学品，因为这些溶剂能增加皮肤对化学物品的吸收速度。实验结束后应该认真洗手。

⑧ 实验室通风应良好，尽可能地在通风橱内进行实验操作。如果反应过程中产生有害气体（如氯化氢），则应安装有效的气体吸收装置。避免吸入化学物品，特别是有机溶剂的烟雾和蒸气。

⑨ 切勿用嘴巴尝试任何化学药品，除非是特定指明需作尝试的。

⑩ 化学物品一旦溅出，应立即采取相应的措施以清除溅出物。

1.2.3 已发生事故的处理

(1) 火灾的处理

实验室一旦着火，应立即呼叫室内全体人员，积极有组织、有秩序地参加灭火。首先应立即拉开总电闸，熄灭所有火源，搬走着火附近任何易燃物质，并立即采取灭火措施。如使用灭火器，应将喷出口对准火焰的底部。如果衣服着火，切勿奔跑，而应在地板上打滚，因为迅速移动只会使火吹旺。邻近人员应用灭火毯等协助灭火，如果火尚未烧近头部也可用二氧化碳灭火，切记决不可以对人使用四氯化碳灭火器!!

有机化学实验室的灭火通常采用使燃着的物质隔绝空气的办法，而不是使用水，因为有机物漂浮在水的上面，扩散更快，会引起更大的火灾，要用砂或灭火器灭火，也可撒干燥的固体碳酸氢钠粉末。

如果电器着火，应立即切断电源，用二氧化碳或四氯化碳灭火器灭火，因为这些灭火剂不导电。但切记在带电情况下，不能用水和泡沫灭火器，因为水能导电，易使人触电。

(2) 化学灼伤

在实验过程中所用到的化学药品很多是具有腐蚀性的，如果接触到皮肤，会导致皮肤被灼伤，因此在实验过程中需要配戴防护手套。如果在配戴防护手套的情况下发生了与腐蚀性化学药品接触，请按照下面步骤进行处理：

与腐蚀性化学物品接触的皮肤面应立即用肥皂和水充分洗涤，轻微的灼伤者敷以灼伤油膏，严重的灼伤者（如被苯酚灼伤）应去医院作进一步的医治。

溴引起的灼伤特别严重，应立即用大量水冲洗，10%硫代硫酸钠浸渍，敷上烫伤油膏，包扎并求诊。若眼睛受到溴蒸气的刺激，暂不能睁开时，可对着盛有酒精的瓶口注视片刻。

与酸接触，立即用大量水冲洗接触面，然后用碳酸钠溶液洗涤接触面；如果酸溅入眼睛，应擦去眼睛外面的酸，立即用水冲洗后，再用稀碳酸氢钠溶液洗涤，最后滴入少许蓖麻油；严重者，应擦去眼睛外面的酸，用水冲洗后即刻到医院就诊。

与碱接触，立即用大量水冲洗，如果出现红肿现象请立即就医；若碱溅入眼睛，应擦去眼睛外面的碱，立即用水冲洗，再用饱和硼酸溶液洗涤后，滴入少许蓖麻油。

(3) 中毒

在实验中，化学药品溅入或误入口腔，应立即用大量的水冲洗。如已进入胃中，应查明药品的毒性性质，再根据毒性的性质服用解毒药，并立即送往医院急救。

误吞强酸，先饮用大量的水，再服氢氧化铝膏、鸡蛋白；对于强碱，也要先饮用大量的水，再服醋、酸果汁、鸡蛋白。不论酸或碱中毒都需灌注牛奶，不要吃呕吐剂。

如果发生刺激性及神经性中毒，先服牛奶或鸡蛋白使之冲淡和缓解，再服用硫酸镁溶液（约 10g 溶于 100mL）催吐，并送往医院就诊。

吸入气体中毒者，应立即将中毒者抬至室外，解开衣领及纽扣，及时送往医院急救。

1.3　有机实验常用玻璃仪器

1.3.1　常用的玻璃仪器

常用的普通玻璃仪器见图 1.1。

玻璃仪器是进行合成化学实验时必备的、常用的仪器，按其口塞是否标准，分为标

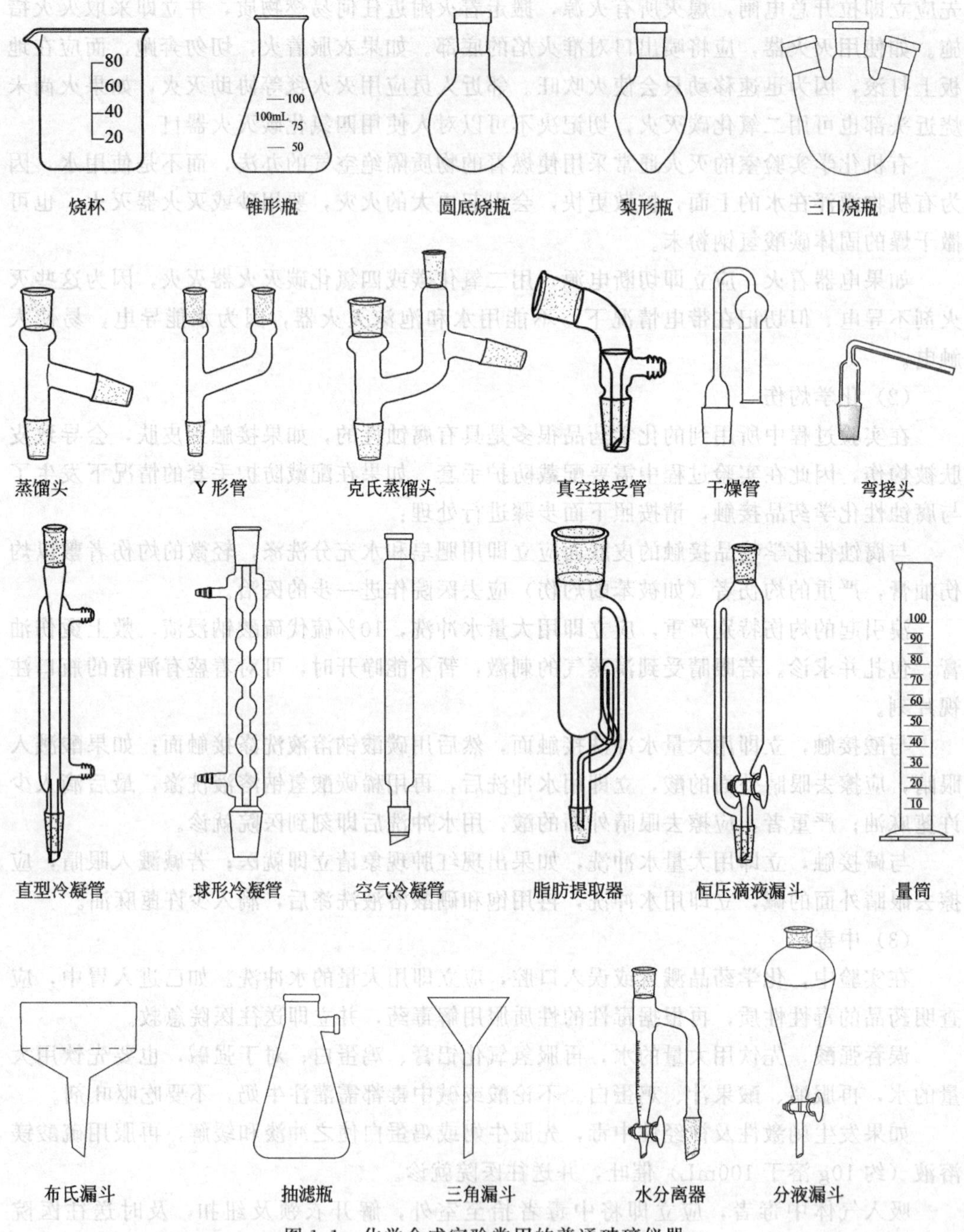

图 1.1　化学合成实验常用的普通玻璃仪器

准磨口玻璃仪器及普通玻璃仪器。标准磨口玻璃仪器，均按国际通用的技术标准制造，常用的规格有 14＃、19＃、24＃等。同规格的接口可任意连接，组装成各种配套装置。

使用玻璃仪器的注意事项如下：

① 玻璃仪器应轻拿轻放，容易滑动的仪器如圆底烧瓶不要重叠放置，以免打碎。

② 安装标准磨口仪器装置时，应注意装配正确、整齐、稳妥，使磨口的连接处不受歪斜的应力，否则易将仪器折断，特别是在加热时，仪器受热，应力更大。

③ 将温度计插入温度计套管或者橡皮塞内，或将玻璃管插入橡胶管或橡胶塞内时，

切记不要硬塞!! 如果很难插进去，可以把橡皮塞的孔打得大一点或者换一个细一点的温度计或玻璃管；还可以在橡皮塞孔处涂点凡士林或沾点水。

④ 锥形瓶不耐压，不能用作减压用。

⑤ 广口容器如烧杯不能盛放易挥发的有机试剂。

⑥ 一般用途的磨口无需涂润滑剂，以免沾污反应物或产物。若反应中有强碱，则应涂润滑剂，以免磨口连接处因碱腐蚀粘牢而无法拆开。减压蒸馏时，磨口应涂真空脂，以免漏气。

⑦ 除试管等少数玻璃仪器外，一般不能直接用火加热。

1.3.2　玻璃仪器的清洗

玻璃仪器使用后必须马上清洗干净，磨口仪器的磨口必须洁净，若有硬质杂物，会损坏磨口，影响密封性。带活塞或磨口仪器用过后，应洗涤干净，并垫上纸片以防粘住。若已粘住，可在磨口的四周涂上润滑剂或有机溶剂后用电吹风吹热风；或用水煮后再用木块轻敲塞子，使之松开。

① 玻璃仪器里的大部分反应残余物都可以用刷子、去污粉、水就可以清洗干净；部分难清洗的，可以用少量有机溶剂进行溶解掉后，再对玻璃仪器进行清洗。丙酮是有机实验常用的溶剂，它可以溶解大部分有机残余物，为了避免不必要的浪费，使用时用量尽量少。注意：丙酮不能用来清洗含溴有机残余物，否则会生成刺激性很强的溴代丙酮。

② 铬酸洗液清洗：玻璃瓶壁沾有顽固污渍的，上面的方法无法达到清洗目的，那么就需要更强的铬酸洗液来清洗。铬酸洗液腐蚀性很强，要避免与皮肤、衣服接触。清洗玻璃仪器后的铬酸洗液不要随意丢弃，倒入指定的废液桶中。铬酸洗液可以由浓硫酸和无水三氧化铬或重铬酸钾配制。

③ 氢氧化钠或氢氧化钾的乙醇溶液：碱性很强的洗液，可以在待洗的玻璃仪器中加些乙醇，然后加几片固体氢氧化钠或氢氧化钾，稍微加热并不断地摇动，达到洗涤玻璃仪器的目的。洗后的废液请倒入指定的废液缸内，不要随意丢弃。

④ 玻璃仪器沾有二氧化锰固体，需用 30%(4mol/L) $NaHSO_3$ 溶液洗涤，如果这种方法仍旧没有洗涤干净，可以在指导教师允许的情况下，使用少量 6mol/L HCl 洗涤。

1.3.3　化学合成实验常用装置

在做实验之前，要先搭建正确的反应装置。实验装置需要用铁架台、烧瓶夹、冷凝管夹对玻璃仪器进行固定。装置的搭建顺序为：从下至上，从左至右，并要求所有仪器的中心线在同一平面内。在化学合成实验中，常见的实验装置有回流、蒸馏、抽气过滤、气体吸收及搅拌等。

(1) 简单蒸馏装置

简单蒸馏是有机化学实验中的常用操作，用来提纯挥发性物质或浓缩溶液。整个装置包括汽化、冷凝、收集三部分（图 1.2）。为了测量所蒸馏气体的准确温度，在蒸馏头上放置一个温度计，要求温度计液泡的上沿要刚好处于蒸馏头支管口的下方。蒸馏沸点低于 140℃的液体时，需要用水冷凝的直型冷凝管［图 1.2(a)］；当被蒸馏提纯的液体沸点大于 140℃时，可以用空气冷凝管进行冷凝［图 1.2(b)］。收集部分通常用小口玻璃仪器（如圆底烧瓶）与接收管连接。

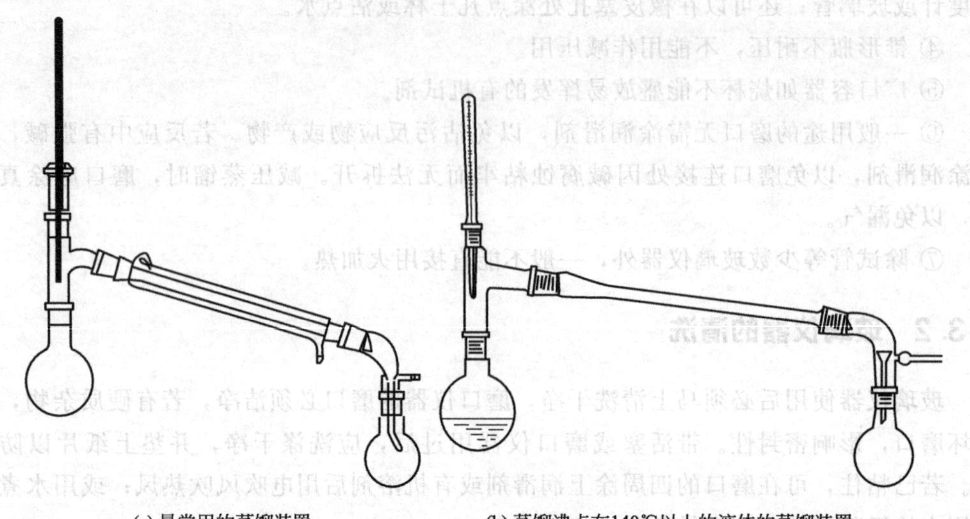

(a) 最常用的蒸馏装置　　(b) 蒸馏沸点在140℃以上的液体的蒸馏装置

图 1.2　蒸馏装置

（2）回流装置

回流常用于在溶剂或液体反应物的沸点附近进行的反应。它的装置主要包括汽化和冷凝两部分，见图 1.3(a)。有时还需要吸收气体［图 1.3(b)］或干燥气体部分。

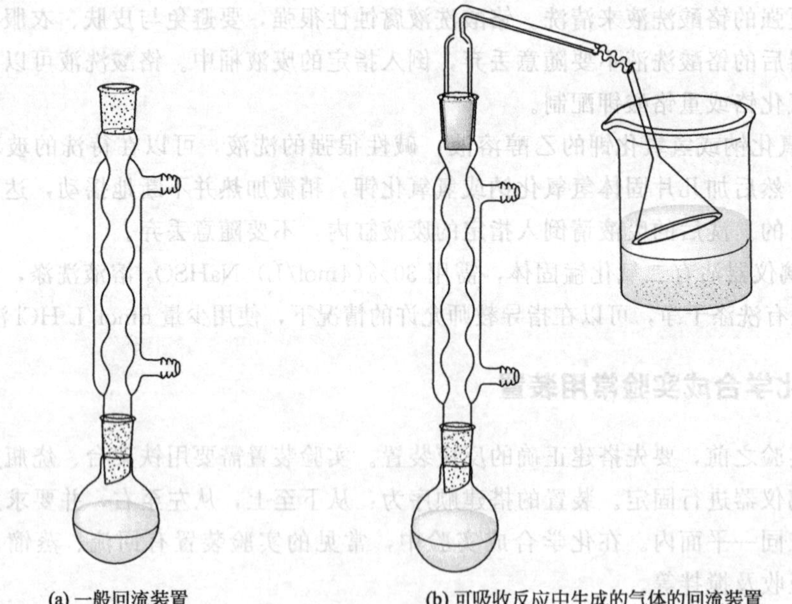

(a) 一般回流装置　　(b) 可吸收反应中生成的气体的回流装置

图 1.3　回流装置

（3）减压蒸馏

减压蒸馏是提纯、分离有机物的一种常用方法，常用于高沸点和那些在常压蒸馏时未达到沸点就已经受热分解、氧化或聚合的物质的提纯。它的装置与简单蒸馏的类似，但因在低压下，故加了抽气部分及其保护部分。常用的减压蒸馏装置见图 1.4。

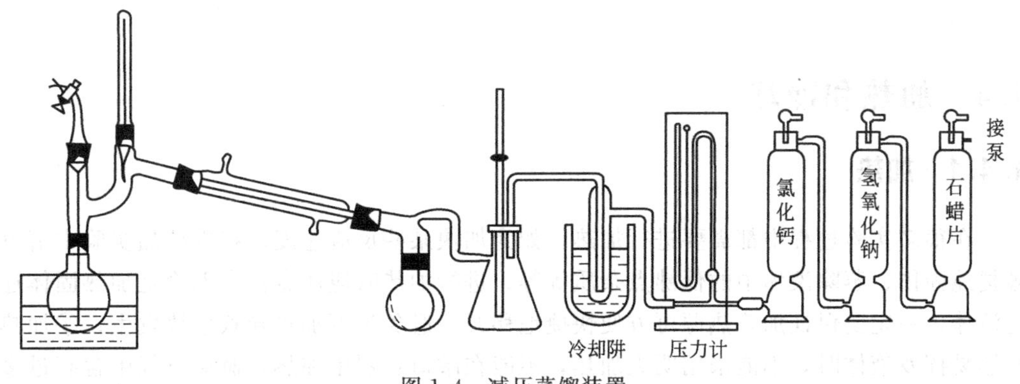

图 1.4　减压蒸馏装置

(4) 水蒸气蒸馏装置

水蒸气蒸馏是提纯、分离不溶于水的有机物的一种方法。它的装置包括水蒸气发生器、汽化、冷凝和收集等部分（见图 1.5）。

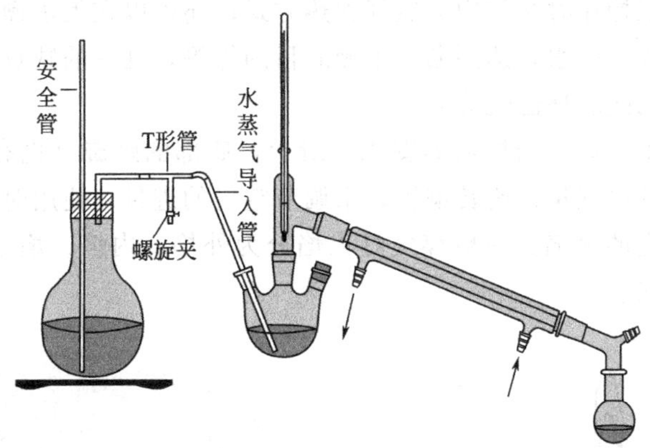

图 1.5　水蒸气蒸馏装置

(5) 分馏装置

分馏是常用于分离沸点相近的物质，它的装置包括汽化、分馏、冷凝和收集等部分（图 1.6）。

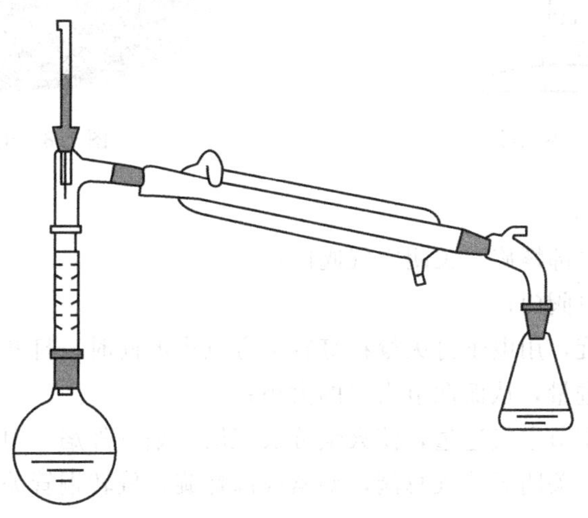

图 1.6　分馏装置

1.4 加热和冷却

1.4.1 加热

在很多实验过程中都需要进行加热，如为加快某些反应速度、在重结晶实验中溶解被提纯固体、蒸除液体中的低沸点杂质等等。进行加热时应注意：①无论是加热固体还是液体，一定要保证加热热源可方便快捷地移开，避免过度加热导致事故发生；②加热易燃易挥发液体时，不能采用明火加热，不能在敞口容器中加热，避免空气中含有过多可燃性气体。常用的加热方式有：明火加热、电加热、油浴加热、水浴加热、砂浴加热、蒸汽浴加热。

(1) 天然气加热

天然气加热是实验室方便快捷、经济实惠的加热方式，可以加热水来获得恒温的水浴加热；进行玻璃工操作时必须用天然气加热方式；还可以在无水操作时通过天然气加热来除去玻璃仪器表面的水，达到彻底干燥的目的等等，唯一的缺点是不能用来加热挥发性可燃溶剂，如乙醚、环己烷等。

煤气灯（也叫本生灯）的构造如图 1.7 所示：底部的螺旋（也有的铜管是在侧面）是用来控制天然气的进气量；旋转铜管，来调节空气的进量；使用时调节天然气和空气的进气量来得到稳定的火焰。一般煤气灯火焰分为外焰、内焰、焰心，外焰温度最高，一般用外焰进行加热。

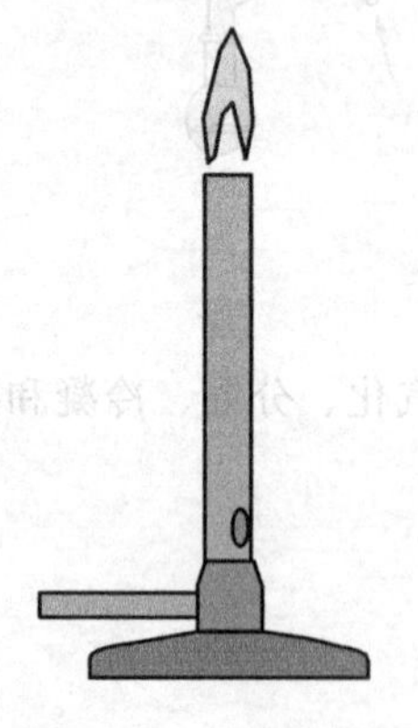

图 1.7 本生灯

图 1.8 电加热套

开关煤气灯操作：

① 使用前关闭底部螺旋，关闭空气阀门；

② 打开天然气总阀门；

③ 打开底部螺旋，用电子打火枪在灯管上方点火的同时，打开底部螺旋；

④ 调节天然气进量，从而调节火焰的大小；

⑤ 旋转铜管，调节空气进量，使火焰分层三层火焰（外焰、内焰、焰心）；

⑥ 使用完毕后，关闭天然气总阀，旋紧底部螺旋，旋转铜管关闭空气进口。

(2) 电加热

电加热的方式有两种：一种是电加热套加热，用来加热烧瓶等圆底的玻璃仪器；另一种是平板加热，用来加热烧杯、锥形瓶等平底玻璃仪器。

电加热套如图1.8所示，内部由防火玻璃丝棉缠绕而成；加热套的容积根据圆底烧瓶的大小有不同的尺寸；加热套可以与磁力搅拌器连接使用，这样既可以加热也可以搅拌。加热套也可以与温度控制器连接使用，达到调节加热温度的目的。

需要注意的是，使用时不要将液体溅撒在里面！也不能用来加热空的烧瓶，以免电热套因过热而烧掉！

使用电热套进行加热，加热速度很慢而且不容易获得恒定温度，一旦温度超过所需温度，则需要将电热套电源关闭，并撤掉电热套，通过空气冷却或其他冷却方式来降低温。

平板加热器如图1.9所示，它主要是靠电阻丝加热，通常可以用带有加热功能的平板搅拌器替代。主要用于加热烧杯、锥形瓶等平底容器，通过电压调节来控制加热温度的高低。极易挥发、易燃溶剂加热时不要直接用平板加热，避免引起火灾！

图1.9 平板加热器

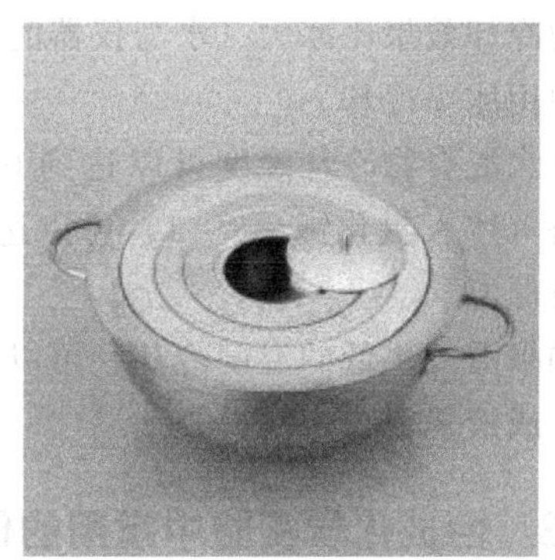

图1.10 水浴锅

(3) 油浴加热

油浴加热所用的油多为硅油或矿物油或聚乙二醇400，硅油价格较矿物油贵，加热性能比矿物油要好，硅油加热温度最高可达200～275℃，而矿物油加热到200℃就开始冒烟；聚乙二醇400其优点在于溶于水，易于清洗，可加热到200℃左右，但通常150℃会出现冒烟现象，最好用于低于150℃以下的油浴加热。若要用其做油浴加热到200℃，一定不要离开，必须有人看守，以免出现事故。油浴通常是用电阻丝加热油来实现，通过在油浴中放置温度计来测量油浴温度，通过控制电压来控制加热速度，一般来说仪器内部和外部油浴温差大约在10℃左右。需要注意的是，使用油浴加热时，不能带有水，如果有水，会由于水汽化将加热的油带出，导致烫伤。

(4) 水浴加热

水浴加热（图1.10）就是通过电加热或者煤气灯加热水浴锅里的水，来达到加热的目的，一般用于所需温度不超过80℃左右的实验，可用来加热沸点比较低的溶液，如蒸除乙醚、甲醇等。

(5) 砂浴加热

砂浴可以用水浴锅或结晶皿内装有1～3cm厚的砂子，然后用煤气灯加热或者平板加热，砂浴的温度可通过在砂子中插入一只温度计来测量，温度计插入的深度与被加热容器内液面的高度一致。砂子的导热能力差，一般来说靠近底部温度会高些，为了加快加热速度，通常将被加热容器埋进砂子里（至少容器内液面要低于砂子的厚度），一旦发现温度过高，可以将容器抬高，来降低温度。不能用砂浴加热玻璃仪器超过200℃，这种情况下，玻璃仪器有可能会破裂。

（6）蒸汽浴

蒸汽浴可以简单地将水浴锅里放置一定高度的水，然后盖上环形圈，中间留有放置被加热仪器的部分。加热水沸腾，通过蒸汽来加热。蒸汽浴可以提供达到100℃的加热，可用于易挥发气体做溶剂的反应加热，或者固体物质重结晶提纯。

1.4.2 冷却

在有机合成实验当中，经常遇到放热反应需要冷却反应液来抑制副反应的发生，或者在反应结束后处理时需要先将反应液冷却方可进行；在重结晶过程中需要冷却使晶体析出。这些过程都需要冷却，在有机实验中，简单易行的冷却方式就是冰水浴冷却。液态水的冷却效果比冰大（水与仪器的接触面积比冰大），虽然冰的温度比水要低，通常不单独用冰来冷却。

冰水混合物冷却温度可以达到0℃，如果需要低于0℃的冷却温度可以用冰盐浴，冰盐浴（冰∶氯化钠＝3∶1）可以达到－20℃。一旦冰融化，过多的水要不断地除去，来维持低温。

如果需要更低的温度冷却，可以用有机溶剂（如丙酮、乙醇等）与干冰（固体二氧化碳）或液氮混合来获得。

1.4.3 合成化学实验中常用的仪器设备

1.4.3.1 金属用具

有机实验中的金属用具多是起支撑作用或特定用途。常见的有用于垫高或调整装置高度的升降台、支撑的铁架台、固定用的十字夹（图1.11）和铁夹、铁圈、三脚架、水浴锅、煤气灯等。铁夹可分为烧瓶夹（图1.12）、冷凝管夹（图1.13），烧瓶夹一般夹在烧瓶的磨口位置。铁圈一般用于分液等。这些用具应与玻璃仪器分开并放在固定位置。

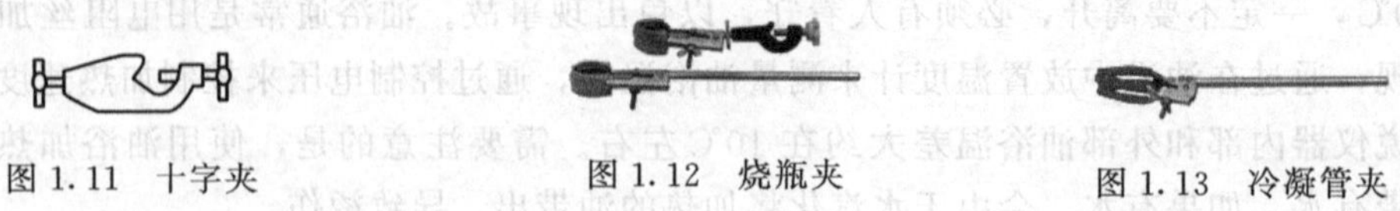

图1.11 十字夹　　图1.12 烧瓶夹　　图1.13 冷凝管夹

1.4.3.2 反应中的电器

化学反应经常用到起加热、搅拌等作用的电器，如磁力搅拌器、电动搅拌器、微波反应器等。

（1）磁力搅拌器

磁力搅拌器（图1.14）主要用于搅拌或同时加热搅拌低黏稠度的液体或固液混合物。其基本原理是利用磁场的同性相斥、异性相吸的原理，通过磁场的不断旋转带动容器内磁子（图 1.15）转动而搅拌溶液或固液化合物。多数型号的磁力搅拌器配有加热温控系统，可根据具体的实验要求加热并控制温度，保证液体混合达到实验需求。

图 1.14　磁力搅拌器

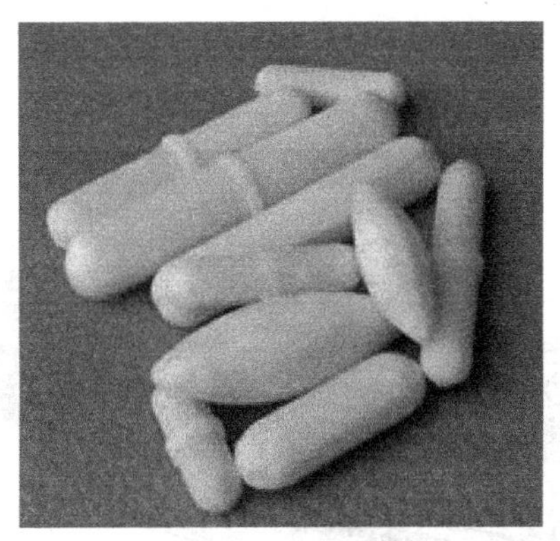

图 1.15　磁子

仪器操作简单，先开搅拌，调整好旋转速度后，再开加热。磁子有多种形状，可根据容器形状、溶液用量等选择，如纺锤形的磁子比较契合球形底部，故圆底烧瓶中一般选用此形状。磁子加入时容器应远离磁力搅拌器，以防因磁力的相互吸引而砸破玻璃容器，取出时可用铁棒，利用磁性吸磁子出液面。实验结束后应保持磁力搅拌器及磁子的清洁干燥。

(2) 电动搅拌器

电动搅拌器（图 1.16）也是用于液体或固液混合物搅拌的实验设备，但比磁力搅拌器的搅拌能力更强，可用于高黏度液体的搅拌，尤其适用于非均相或产生固体的反应。电动搅拌器的搅拌棒被电机带动旋转。搅拌棒可配有不同形式、可卸装的轧头，以适用不同反应体系。使用时注意接地线以及电机的负荷，不能超负荷运转。应经常保持电动搅拌器的清洁干燥，每学期轴承应加一次润滑油。

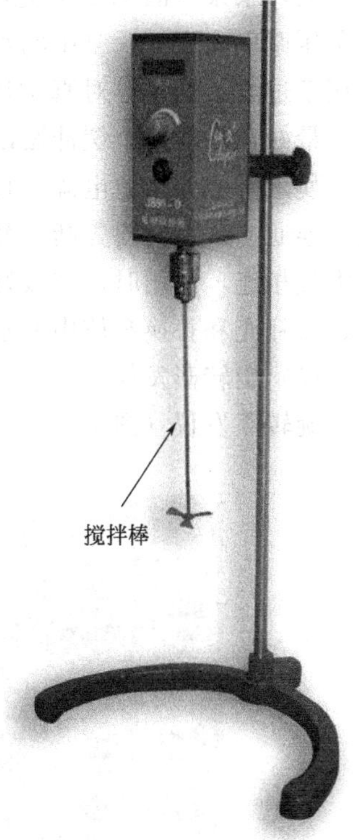

图 1.16　电动搅拌器

(3) 真空油泵

真空油泵（图 1.17）是为实验提供较高真空度的一种减压设备。有机实验室中常用的是占地面积小的旋片式真空泵。它是利用泵腔内活塞做旋转运动并以油密封各运动部件之间的间隙，将气体大量吸入与排出，以获得体系的真空度。为获得高的真空度，要选用优质泵油（油的蒸气压越低越好）。若体系中的有机溶剂、水、酸等抽进泵内，则会污染泵油（降低蒸气压），腐蚀泵体，所以泵前通常要有冷却阱、吸收塔、干燥塔及缓冲瓶等。为得到准确的真空度，油泵还需与测压装置连接。

使用前，先检查泵的性能，打开缓冲瓶的活塞以连通大气。使用时，先用真空橡胶管与需减压的容器相连，再插好电源，打开泵的开关，最后关闭缓冲瓶的活塞，使用中经常注意压力的变化。结束时，先缓慢打开缓冲瓶，与大气相连，压力相对稳定后，再关闭开关。

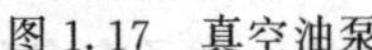

图 1.17　真空油泵

图 1.18　循环水泵

(4) 循环水泵

循环水泵（图 1.18）是实验室中常用的一种减压设备。它是利用水在流动中能产生负压原理而设计，泵中的水在电机的作用下不停地循环流动从而得到一定的真空度，常用于过滤、升华等对真空度要求不高的操作中。使用前要检查其真空度是否达到要求，最好在泵前接个缓冲瓶以防倒吸。

使用时，先接通电源，打开泵的开关，再通过真空软管与需减压的仪器（如抽滤瓶）连通。结束时要先断开软管，再关泵。若有缓冲瓶，在使用前，先打开瓶的活塞，与大气相连，使用时，连接好体系后，关闭活塞，结束时首先打开缓冲瓶活塞。经常使用还需补充和替换泵体中的水，以保持真空度。

(5) 旋转蒸发仪

旋转蒸发仪（图 1.19）是一种提高效率、自动化蒸馏实验设备，常用于溶剂回收、

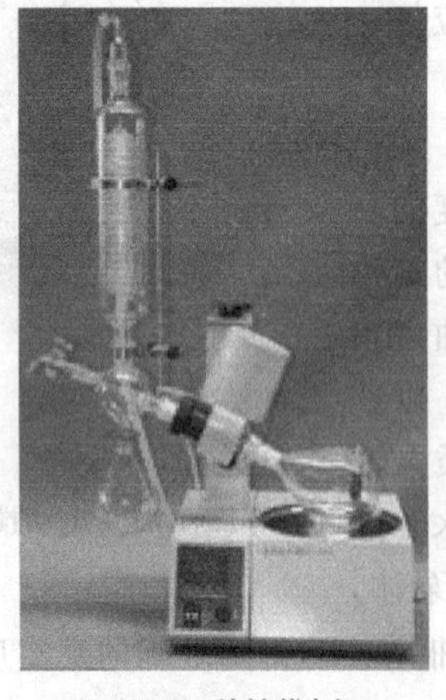

(a) RE-52A旋转蒸发仪

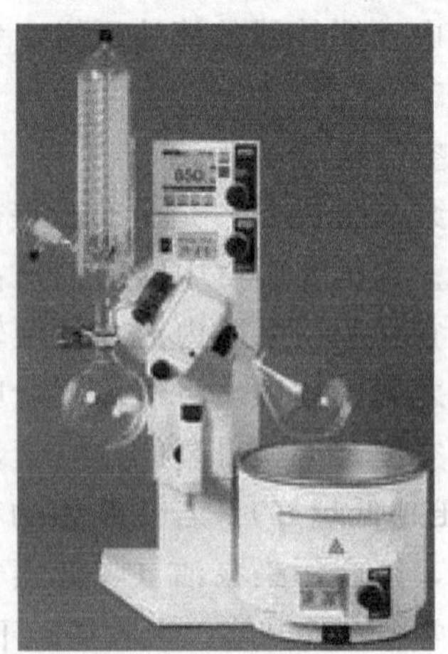

(b) R-215旋转蒸发仪

图 1.19　旋转蒸发仪

溶液浓缩。它主要由蒸发、冷凝和接收三个部分组成，并带有作为蒸馏的热源流体加热锅（多用水）。蒸发部分由电机带动不断旋转，在使用过程中，容器内的溶液因旋转而形成小气泡从而防止暴沸，同时旋转也使溶剂形成薄膜，增大蒸发面积。冷凝部分（多为水冷凝）亦可连接真空泵（多为水泵），所以常压或减压都可使用。整个玻璃仪器部分可通过升降机械调节高度，以便加热锅中的蒸发瓶快速提升或降低。

旋转蒸发仪在使用前要先安装好装有溶液的圆底烧瓶和作为接收的圆底烧瓶，检查密闭性，接好冷凝水的橡皮管和连接泵的真空橡皮管，将调速旋钮调至零。使用时，先调节好蒸发烧瓶的高度（必要时需要在烧瓶和旋蒸之间加一个缓冲球，以防蒸馏过程中爆沸导致液体直接冲进接受瓶中），打开泵的开关为体系减压，之后打开旋转开关并调整好转速，打开冷凝水，最后打开加热开关。结束时先关加热，再停旋转（以防蒸馏烧瓶在转动中脱落），关冷凝水，最后连通大气，关闭泵。

(6) 微波反应器

微波反应器（图1.20）是以微波为热源而设计的一种反应装置。微波是指平均波长在0.1～1m之间的电磁波，可透入介质材料内部。微波加热不同于传统的加热，其原理是微波与介质相互作用的电磁损耗可被转换为热能。它在和接触到物体时，不产生热气，被认为是一种“冷热源”。与常规加热相比，微波加热会使反应速度加快数十甚至数千倍，并能合成出常规方法难以生成的物质，而且可以减少副反应。微波反应器能保证化学反应的效率、产率和良好的重现性。

图1.20　微波反应器

目前微波反应器可控制微波功率，监控温度，配有搅拌装置等，可进行冷凝回流、滴液和分水等操作，在有机合成中的应用范围也不断扩大。有些型号还可用于常压微波萃取反应。

1.4.3.3　干燥用电器

固体样品、玻璃仪器的干燥是有机实验中的常见操作，通常玻璃仪器的干燥使用烘箱；样品干燥可用红外干燥箱、真空干燥箱。

(1) 烘箱

实验室常用的烘箱（图1.21）一般是台式电热恒温鼓风干燥箱。其操作简单，有鼓风系统，可控制温度。通常用于烘干玻璃仪器或者无腐蚀、对热稳定、不挥发的药品。在使用时，玻璃仪器尽量沥干水，而使用过有机溶剂的仪器一定要等溶剂完全挥发后才能放入烘箱。切忌不要将易燃、易爆试剂放入烘箱，以防爆炸或着火。一般先放上层，后放下层，以免上层水滴污染下层仪器。烘干后的仪器取用时注意烘箱温度，过高请使用纱手套或干布，以防烫伤。

图 1.21 烘箱

(2) 红外干燥箱

红外干燥箱（图 1.22）广泛用于实验样品的快速干燥，具有快速、方便、无污染等优点。红外干燥箱采用红外线灯泡或红外石英管为加热源，产生红外线。箱内样品吸收红外线直接转变为热能，从而快速干燥。使用前先检查加热源是否正常，然后插上电源，放入样品，关上箱门，打开加热开关。干燥完毕后关上开关，取出样品。

图 1.22 红外干燥箱

(3) 真空干燥箱

真空干燥箱（图 1.23）适用于热敏性、易分解和易氧化物质的干燥，特别是一些成分复杂样品的快速干燥。它通过另配的油泵抽真空，采用硅橡胶条密封箱门，以保证其密闭性，保持真空度，箱门的视镜用以观察，还有控温系统保证箱体处于设定温度。它不仅可以抽真空，还可以将惰性气体冲入箱内，抽空气与充气均由电磁阀控制。箱的面板上装有真空表、温控仪表及控制开关等。

操作时先开油泵，抽真空，再开加热。干燥后，先关加热，再通空气，最后关油泵。若样品中含有较多有机溶剂，在接油泵前应接缓冲瓶等，以防有机溶剂抽入油泵。

1.4.3.4 分析鉴定

有机实验中常用熔点仪、密度计、旋光仪、折光仪等对有机物进行简单的分析测定，以鉴定样品纯度等。

图 1.23　真空干燥箱

(1) 熔点仪

熔点测定是辨认物质本性的基本手段，也是纯度测定的重要方法之一，因此，熔点测定仪也是在有机实验中常用的测量仪器。熔点仪的种类很多，下面主要介绍 WRS-2A（WRS-2）型微机熔点仪（图 1.24），其正面视图如图 1.25 所示。

晶体物质在熔化过程中随着温度的升高会产生透光度的跃变。WRS-2A 微机熔点仪通过测定物质在结晶状态时反射光线与在熔融状态时透射光线，采用光电方式自动检测熔化曲线的变化，以测定晶体物质的熔点。仪器采用药典规定的毛细管作为样品管。使用中，液晶屏显示每根样品管中样品的熔化曲线及初熔和终熔温度。

图 1.24　WRS-2A 型微机熔点仪

常规熔点测定操作如下：

① 开启电源开关，稳定 20min 后，通过键盘设定起始温度及升温速率。

② 当实际炉温达到预设温度并稳定后，可插入装好样品的毛细管。

③ 按升温键，开始升温。仪器将按预先设定的参数对样品进行测量。当到达初熔点时，显示初熔温度，当到达终熔点时，显示终熔温度，同时，显示熔化曲线。

④ 完全熔化后，取出样品管，冷却至起始温度，再进行下次测量。

多次测量后，熔点、初熔温度、终熔温度均以算术平均值计。

为了获得准确的熔点，样品一定要干燥并碾碎；样品填装要结实，填装高度为 3mm；毛细管插入仪器前用软布将外面沾污的物质清除。

(2) 密度计

密度计用于测定液体的密度。有机实验中，通过测定液体的密度，可以粗略地鉴定

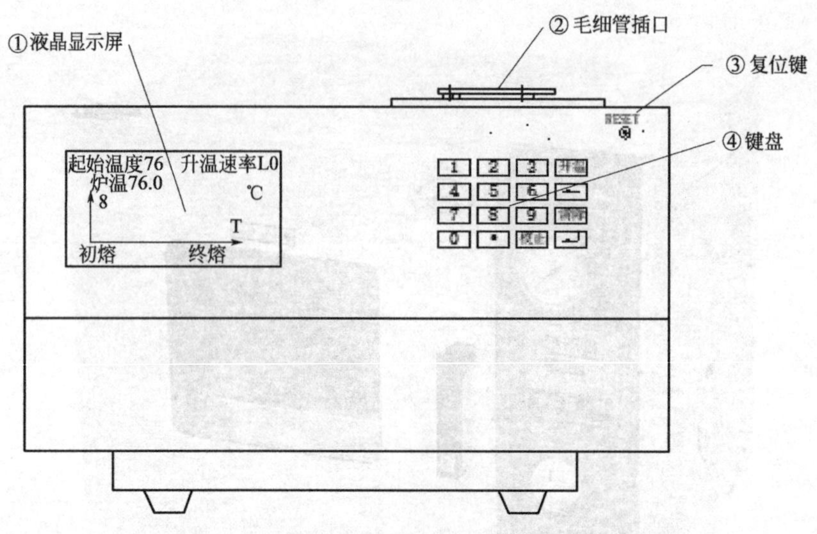

图 1.25 仪器正面视图

液态有机物的纯度，或根据密度与浓度的相关性很方便地确定溶液的浓度。最简单的密度计是玻璃密度计（图 1.26），是根据浮力与排开液体的重力关系设计的。处于漂浮状态时，它所受到液体的浮力等于其自身重力，排开液体的体积也不变，从而得到液体的密度。这种密度计操作简单，缺点是所需被测物体积较大，携带也不方便。

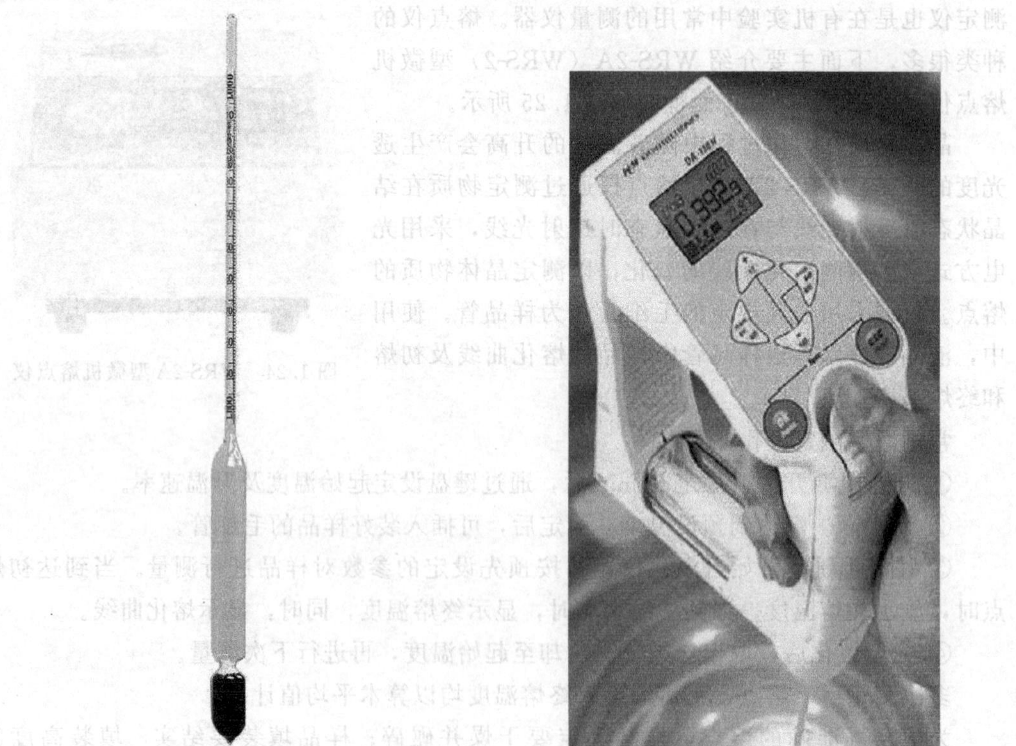

图 1.26 玻璃密度计

图 1.27 便携式密度计

另一种便携式密度计（图 1.27）更适合有机实验。它采用振动管式密度传感器，根据振动管的共振频率与管内液体密度的相关性，测定被测液体的密度。这种仪器测定密度只用少量液体（不到 10mL），而且测量范围广，速度快，操作简单。使用时注意在 U 形玻璃管内不能有气泡。

（3）折光仪　详见实验八。

（4）旋光仪　详见实验九。

1.4.4　钢瓶

钢瓶又称高压气瓶，是一种在加压下贮存或运送气体的容器，通常有铸钢、低合金钢的等。氢气、氧气、氮气、空气等在钢瓶中呈压缩气状态；二氧化碳、氨、氯、石油气等在钢瓶中呈液化状态。乙炔钢瓶内有多孔性物质（如活性炭）和丙酮，乙炔气体在压力下溶于其中。

为避免各种钢瓶混用，我国规定了统一的瓶身、横条及标字的颜色，见表 1.1。

表 1.1　常用几种钢瓶的标色

气体类别	瓶身颜色	横标颜色	标字颜色
氮	黑	棕	黄
空气	黑		白
二氧化碳	黑		黄
氧	天蓝		黑
氢	深绿	红	红
氯	草绿	白	白
氨	黄		黑
其他可燃气体	红		
其他不可燃气体	黑		

使用钢瓶应注意：

① 钢瓶应放置在阴凉、干燥、远离热源、避免日光直晒、隔离的气瓶房内。实验室尽量少放钢瓶。

② 搬运钢瓶时应防止摔碰或剧烈震动。存放和使用时应放稳，防止滚动，并避免油和其他有机物沾污钢瓶。

③ 钢瓶中的气体不可用完，应留有 0.5%表压以上的气体，以防止重新灌气时发生危险。

④ 钢瓶使用时要用减压表，各种减压表不能混用。开启气门时应站在减压表的另一侧，以防减压表脱出而被击伤。

⑤ 钢瓶应定期试压检验（一般三年检查一次）。逾期未检验或锈蚀严重时，不得使用，漏气的钢瓶不得使用。

⑥ 可燃性气体一定要有防止回火的装置（有的减压表带有此装置），或在管路中加液封可以起保护作用。

1.5　实验预习、过程和实验报告

1.5.1　实验预习

很多人有一个错误的概念，认为在实验室做实验与在家里烧菜一样，照着“菜谱”

做，就可以得到自己想要的“菜肴”。在某种程度上看，做实验与烧菜的确有相似之处，但也有很大不同。打个比方：成功的实验者就好比饭店里的五星级厨师，他是一个细心的筹划者、勤奋的工人、热心的观察者，更是一个时刻准备接受失败的人。如果仅仅觉得按照实验步骤进行操作就能得到想要的结果，有些时候是可行的，但经常会出现意想不到的结果。因此，首先做一个细心的筹划者，在做实验前对实验内容做到心中有数，这就要预习实验。实验预习是有机化学实验成功与否的关键环节，必须认真进行实验预习并做好预习报告，预习报告具体形式如下：

① 实验的目的、原理、反应式(正反应和主要副反应)。

② 查阅所需反应物和产物以及所用试剂的物理常数（分子式、分子量、熔点、沸点、密度、溶解度等）以表格的形式记录在预习报告上，标注出化学药品的化学和生物毒性，这样方便理解为什么采用这样的特殊步骤进行，也有助于解决实验过程中出现的问题。

③ 熟悉整个实验过程，不要仅仅关注“注意事项”。写出简单的实验步骤，可用简单的框图、分子式、简单的符号来书写实验步骤，达到简明扼要，但又表达清楚。

④ 所用试剂量，以表格的形式列出所用试剂的质量，摩尔数或者液体的体积，根据起始原料计算出理论产量（质量和摩尔数）。

1.5.2 实验过程

在进行有机化学实验时，要时刻注意安全第一；要正确称取药品和搭建装置，不要给自己或他人造成不便；严格按照书上所给的实验步骤进行实验，初次实验者不建议进行自我创新；详细记录实验过程，实验中要仔细观察，并如实记录每个实验现象；实验得到的产品必须贮于样品瓶中，并贴好标签保存。

1.5.3 实验报告

做完实验后，必须对所做的实验进行总结，对观察到的现象进行分析，将实验数据归纳整理，形成最终的实验报告（模版见附本），实验报告具体要求如下：

① 实验名称、日期、天气；

② 实验目的；

③ 实验原理、反应式(正反应和主要副反应)；

④ 主要原料和产物的物理常数及用量和规格；

⑤ 实验装置图；

⑥ 实验步骤和实验现象；

⑦ 实验结果（产率计算等）：$产率=\frac{实际产量}{理论产量}\times 100\%$

⑧ 实验讨论；

⑨ 思考题。

第2章 基本实验操作、鉴定、分离提纯方法

实验一 简单玻璃工操作

一、实验目的

学习对玻璃管进行简单加工的方法。

二、实验原理

在化学实验中，玻璃工操作是重要操作之一。测熔点的熔点管、薄层色谱用的毛细管、滴管、搅拌棒，以及有时需连接玻璃仪器的各种型号的弯管等常需自己制作，如何掌握正确的操作方法至关重要。

三、药品和仪器

玻璃管若干根，锉刀。

四、实验步骤

1. 玻璃管的切割

取一定长度的玻璃管，量取 30cm 长，用三角锉刀或小砂轮在需切割长度的管上朝一个方向锉一个稍深的痕（图 2.1)，注意不可来回在玻璃管上锉，否则不但锉痕多，而且易使锉刀或小砂轮变钝。在锉痕上放一点水，用两手的大拇指顶住锉痕背面的两边，轻轻向前推，同时两手朝相反方向拉，玻璃管即平整地割开了。

2. 玻璃弯管的制备

有机化学实验中常用的玻璃弯管有 45°、75°、90°、135°等。

① 两手轻拿（手心同时朝上）玻璃管的两端，先用小火烘，再加大火焰，加热部分要稍宽些，同时两手要均匀朝同一方向转动使其受热均匀。

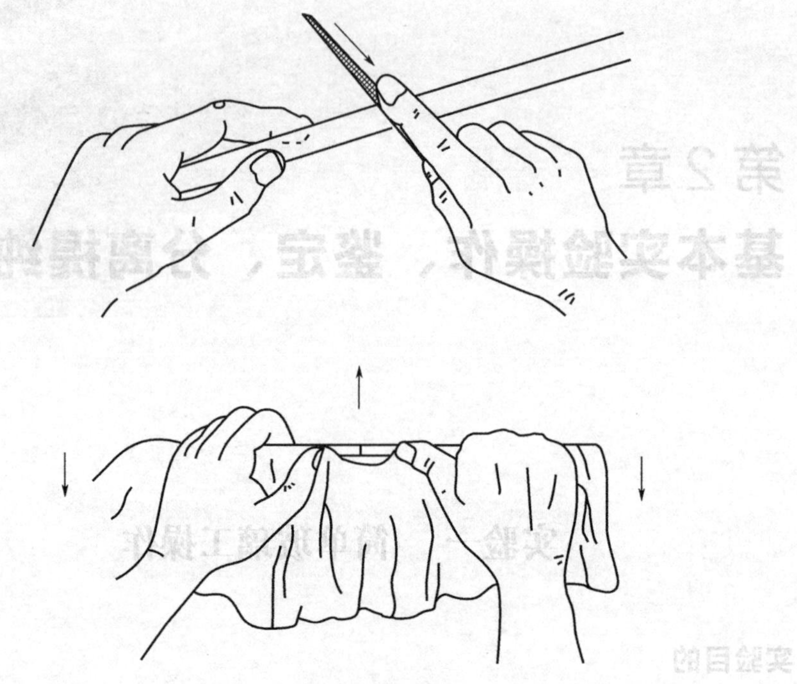

图 2.1　玻璃管的切割

② 不能一面加热一面弯曲，一定要等玻璃管变软后离开火焰再弯，弯曲时两手用力要均匀。

③ 玻璃管弯曲角度较大时，不能一次弯成，先弯曲一定角度将加热中心部位稍偏离原中心部位，再加热弯曲，直至达到所要求的角度为止。弯完后需用小火退火，使温度逐渐降低。

④ 弯制好的玻璃弯管不能立即和冷的物件接触，要把它放在石棉网（板）上自然冷却。好的弯管和差的弯管分别如图 2.2 和图 2.3 所示。

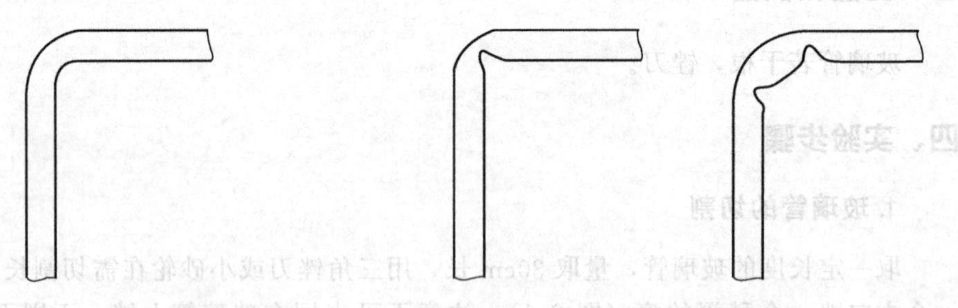

图 2.2　好的弯管　　　　图 2.3　差的弯管

3. 毛细管的拉制

有机化学实验中常用的毛细管有熔点管、沸点管、薄层色谱点样用的毛细管，减压蒸馏用的毛细管及滴管等，内径要求各不相同。

① 两手轻拿（手心朝上）玻璃管的两端，在拉制前先用小火烘，再加大火焰，在煤气灯上受热面尽量大，并不断朝同一方向均匀转动，等玻璃管发黄变软化后取

出，片刻再拉，软化程度要比弯玻璃管强一些。

② 拉的速度既不能太快也不能太慢。应根据毛细管内径要求而定，内径小的可快点，内径大的可慢点。

③ 拉后稍停片刻再放到垫有石棉网（板）的台子上冷却。

五、实验内容

制作弯管：分别为 45°、90°、135°弯管。

熔点管：长 15cm，直径 1mm 两端封口的毛细管 4 根。

滴管：长 10cm 滴管 2 根。

六、注意事项

1. 防止烧伤、烫伤、割伤。

2. 控制好火焰、按操作要求制出合格产品。

七、思考题

1. 弯曲和拉细玻璃管时，玻璃管的温度有什么不同？为什么要不同呢？弯制好了的玻璃管，如果和冷的物件接触会发生什么不良的后果？应该怎样才能避免？

2. 在强热玻璃管（棒）之前，应用小火加热。在加工完毕后又需小火“退火”，这是为什么？

3. 把玻璃管插入带孔塞子中时要注意些什么？怎样才不会割破皮肤呢？拔出时要怎样操作才安全？

4. 截断玻璃管时要注意哪些问题？怎样弯曲和拉细玻璃管？

5. 弯曲和拉细玻璃管时软化玻璃管的温度有什么不同？

实验二　熔点的测定及温度计校正

熔点与分子量、沸点、密度等一样是固体化合物的物理性质，严格来说熔点应为被测物质的固液两态在大气压力下平衡时的温度。在一定压力下，固态和液态之间的变化非常敏锐，纯固体物质的熔程（自初熔至全熔的熔点范围）非常短，一般不超过 0.5～1℃。

通常以下三种情况需要进行熔点的测定：①已知化合物，测定其熔点来确定样品是否是这种物质；②新化合物，测定其熔点，记录在案，供其他人参考应用；③确定化合物的纯度，熔程可以说明固体物质是否是纯物质，含有杂质的化合物，它的熔程会变长，初熔温度会降低（与纯物质比较），尤其是重结晶操作后，可以通过测定熔程来判定重结晶的好坏。

2.2.1 基本原理

晶体是固体中分子的有序排列形成的，加热固体时，分子运动加剧，当达到一定温度时，分子剧烈运动会挣脱分子间的相互作用，变为液态。分子之间的相互作用包括静电吸引、氢键等。典型的无机化合物具有很高的熔点，如氯化钠，它的熔点高达800℃；大部分有机化合物熔点比较低，一般低于300℃，而且有些在加热融化前就已经分解，如蔗糖，分子中含有大量氢键而成为固体，加热易分解。

在同等条件下，分子量大的固体熔点高于分子量小的；构造异构体中对称性高的熔点较高；一对对映异构体两者熔点相同，但外消旋体的熔点与单一构型异构体的熔点不相同；易形成分子间氢键的固体熔点较高。

加热纯有机化合物，当温度接近其熔点范围时，升温速度随时间变化约为恒定值，此时用加热时间对温度作图（图 2.4）。

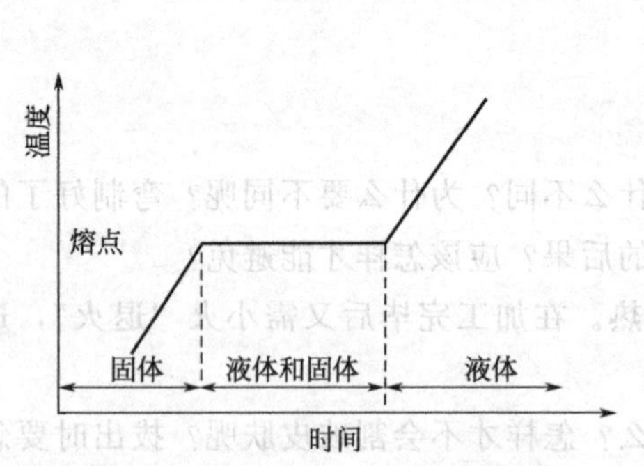

图 2.4 相随时间和温度的变化

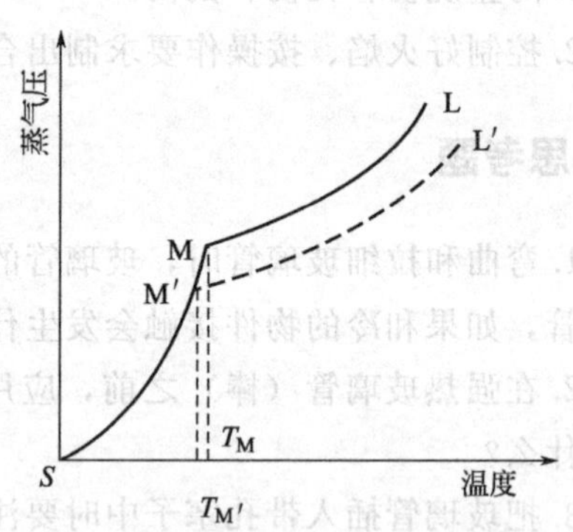

图 2.5 物质蒸气压随温度变化曲线

温度不到熔点时，化合物以固相存在。加热使温度上升，达到熔点温度时开始出现少量液体，呈现固液平衡。继续加热，温度不变，此时加热所提供的热量使固相不断转变为液相，两相间仍处于平衡状态，最后固体全部熔化后，继续加热则温度线性上升。因此在接近熔点时，加热速度一定要慢，每分钟温度升高不能超过2℃，只有这样，才能使整个熔化过程尽可能接近于两相平衡条件，测得的熔点也更精确。

当有机物中含杂质时（假定两者不形成固溶体），根据拉乌尔定律可知，在一定的压力和温度下，在溶剂中增加溶质，导致溶剂蒸气分压降低（图 2.5 中 M′L′），固液两相交点 M′即代表含有杂质化合物达到熔点时的固液相平衡共存点，$T_{M'}$ 为含杂质时的熔点，显然，此时的熔点较纯物质低。

如果杂质和有机物可以简单地认为是两种物质 X 和 Y 的混合物时，我们可以从熔点和组分相图来分析出熔点和组分间的关系。纯物质的熔点指的是在大气压下固液相间达到平衡时的温度，但对于混合物来说，就有所不同。如当混合物中含有 75%X 和 25%Y 的情况下，当温度低于最低共熔点（ET）的时候，全部都是固体；在温度达到最低共熔点时，固体开始熔化，这时相当于固体 Y 溶解在 X 的液体中，蒸气压低于纯 X 在其熔点时的蒸气压。因此此时测得得 X 的熔点要比纯物质的熔点低。随着温度的上升，固体 X 全部熔化，达到混合物熔点 M，熔程的范围就是从 ET 到 M。在实际实验过程中很难测定混合物的最低共熔点，这个温度代表的是极小晶体物质开始溶解时的温度。在我们假设的理想状态下，在这个温度 EP 下，杂质 Y 溶解在溶液 X 中并达到饱和。

熔程的宽度通常可以定性地表示该混合物中杂质的多少；含有杂质越多熔程越宽。通过固体重结晶操作，可以缩短熔程。

纯固体物质中含有可溶性（熔化后可溶在液体中）杂质（也可以是水或者其他有机溶剂）时，熔点降低，熔程变宽；当所含杂质不溶于其中如砂子、活性炭等，对其熔点没有任何影响。

2.2.2　混合熔点

在鉴定某未知物时，如测得其熔点和某已知物的熔点相同或相近时，不能认为它们为同一物质。还需把它们混合，测该混合物的熔点，若熔点仍不变，才能认为它们为同一物质。若混合物熔点降低，熔程增大，则说明它们属于不同的物质。故此种混合熔点试验，是检验两种熔点相同或相近的有机物是否为同一物质的最简便方法。多数有机物的熔点都在 400℃以下，较易测定。但也有一些有机物在其熔化以前就发生分解，只能测得分解点。

2.2.3　熔点测定实验

一、实验目的

1. 了解熔点测定的意义。
2. 掌握熔点测定的操作方法。
3. 了解利用对纯粹有机化合物的熔点测定校正温度计的方法。

二、实验原理

熔点是固体有机化合物固液两态在大气压力下达成平衡的温度，纯净的固体有机化合物一般都有固定的熔点，固液两态之间的变化是非常敏锐的，自初熔至全熔（称为熔程）温度变化不超过 0.5～1℃。

三、药品和仪器

药品：浓硫酸，苯甲酸，乙酰苯胺，萘，未知物。

仪器：温度计，b 形管（Thiele 管），约 50cm 玻璃管。

四、实验操作

1. 温度计校正

测熔点时，温度计上的熔点读数与真实熔点之间常有一定的偏差。这可能由于以下原因，首先，温度计的制作质量差，如毛细孔径不均匀，刻度不准确。其次，温度计有全浸式和半浸式两种，一般我们用的是全浸式。全浸式温度计的刻度是在温度计汞线全部均匀受热的情况下刻出来的，而测熔点时仅有部分汞线受热，因而露出的汞线温度较受热部分低。

为了校正温度计，可选用纯有机化合物的熔点作为标准或选用一标准温度计校正。选择数种已知熔点的纯化合物为标准，测定它们的熔点，以实际测得的熔点作纵坐标，测得熔点与已知熔点差值作横坐标（常用标准样品的熔点见表 2.1），画成曲线，即可从曲线上读出任一温度的校正值。

表 2.1　常用标准样品的熔点

样品名称	熔点/℃	样品名称	熔点/℃
水-冰	0	尿素	135
α-萘胺	50	二苯基羟基乙酸	151
二苯胺	54～55	水杨酸	159
对二氯胺	53	对苯二酚	173～174
苯甲酸苄酯	71	3,5-二硝基苯甲酸	205
萘	80.6	蒽	216.2～216.4
间二硝基苯	90	酚酞	262～263
二苯乙二酮	95～96	蒽醌	286(升华)
乙酰苯胺	114.3	肉桂酸	133
苯甲酸	122.4		

2. 样品的装入

将少许样品放于干净表面皿上，用玻璃棒将其研细并集成一堆。把熔点管开口一端垂直插入堆集的样品中，使一些样品进入管内，然后，把该熔点管垂直桌面轻轻上下振动，使样品进入管底，再用力在桌面上上下振动，尽量使样品装得紧密。或将装有样品、管口向上的熔点管，放入长约 50～60cm 垂直桌面的玻璃管中，管下可垫一表面皿，使之从高处落于表面皿上，如此反复几次后，可把样品装实，样品高度 2～3mm。熔点管外的样品粉末要擦干净以免污染热浴液体。装入的样品一定要研细、夯实，否则影响测定结果。

3. 测熔点

(1) 熔点管测定法

提勒管也叫 b 形管，如图 2.6 所示。管口装有开口的软木塞，温度计插入其中，刻度面向软木塞开口处，其水银球位于 b 形管上下两叉管口之间。按图搭好装置，放入加热液（浓硫酸），用温度计水银球蘸取少量加热液，小心地将熔点管黏附于水银球壁上，或剪取一小段橡皮圈套在温度计和熔点管的上部（如图 2.6 所示）。将黏附有熔点管的温度计小心地插入加热浴中，以小火在图示部位加热。开始时升温速度可以快些，当传热液温度距离该化合物熔点约 10～15℃时，调整火焰使每分钟上升约 1～2℃，愈接近熔点，升温速度应愈缓慢，每分钟约 0.2～0.3℃。升温速度是准确测定熔点的关键，一方面是为了保证有充分时间让热量由管外传至毛细管内使固体熔化；另一方面，观察者不可能同时观察温度计所示读数和试样的变化情况，只有缓慢加热才可使此项误差减小。记下试样开始塌落并有液相产生时（初熔）和固体完全消失时（全熔）的温度读数，即为该化合物的熔程。要注意在加热过程中试样是否有萎缩、变色、发泡、升华、碳化等现象，均应如实记录。

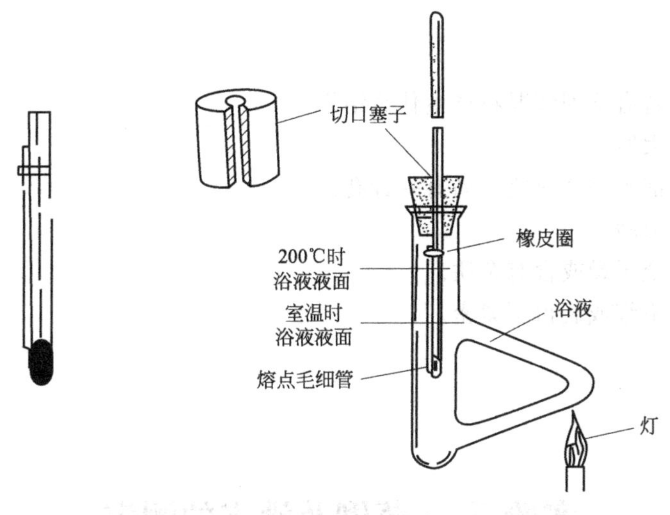

图 2.6 熔点的测定

熔点测定，至少要有两次的重复数据。每一次测定必须用新的熔点管另装试样，不得将已测过熔点的熔点管冷却，使其中试样固化后再做第二次测定。因为有时某些化合物部分分解，有些经加热会转变为具有不同熔点的其他结晶形式。

如果测定未知物的熔点，应先对试样粗测一次，加热可以稍快，知道大概的熔程。待浴温冷至熔点以下 30℃左右，再另取一根装好试样的熔点管做准确的测定。

熔点测定后，温度计的读数须对照校正图进行校正。

测定结束，一定要等熔点浴冷却后，方可将硫酸（或液体石蜡）倒回瓶中。温度计冷却后，用纸擦去硫酸方可用水冲洗，以免硫酸遇水发热致使温度计水银球破裂。

（2）熔点仪测定法

打开仪器预热，在仪器上根据已知物质熔点设定初始温度，升温速度每分钟 1～2℃。将装好样品的三个熔点管，插入熔点仪，按动升温按钮，开始升温。液晶显示上会显示三个熔点测定的进程，测定结束后，会给出熔程。重复测定时，需要待仪器冷却至初始温度，才可再次进行［熔点仪的使用见 1.4.3.4 分析鉴定（1）熔点仪］。

五、注意事项

1. 熔点管必须洁净。如含有灰尘等，能产生 4～10℃的误差。
2. 熔点管底未封好会产生漏管。
3. 样品粉碎要细，填装要实，否则产生空隙，不易传热，造成熔程变大。
4. 样品不干燥或含有杂质，会使熔点偏低，熔程变大。
5. 样品量太少不便观察，而且熔点偏低；太多会造成熔程变大，熔点偏高。
6. 升温速度应慢，让热传导有充分的时间。升温速度过快，熔点偏高。
7. 熔点管壁太厚，热传导时间长，会产生熔点偏高。
8. 使用硫酸作加热浴液要特别小心，不能让有机物碰到浓硫酸，否则使浴液颜色变深，有碍熔点的观察。若出现这种情况，可加入少许硝酸钾晶体共热后使之脱色。采用浓硫酸作热浴，适用于测熔点在220℃以下的样品。若要测熔点在220℃以上的样品可用其他热浴液。

六、思考题

测熔点时，若有下列情况将产生什么结果？

1. 熔点管壁太厚。
2. 熔点管底部未完全封闭，尚有一针孔。
3. 熔点管不洁净。
4. 样品未完全干燥或含有杂质。
5. 样品研得不细或装得不紧密。
6. 加热太快。

实验三　蒸馏及沸点的测定

一、实验目的

1. 熟悉蒸馏和测定沸点的原理，了解蒸馏和测定沸点的意义。
2. 掌握蒸馏和测定沸点的操作要领和方法。

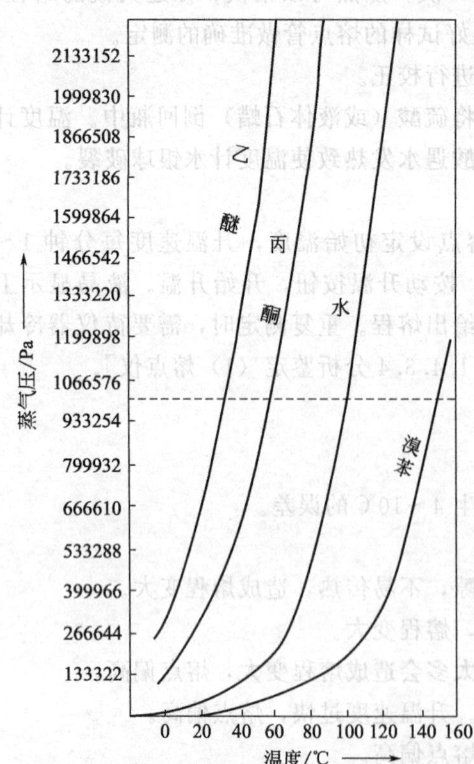

图 2.7　温度与蒸气压的关系

二、实验原理

液体的分子由于分子运动有从表面逸出的倾向，这种倾向随着温度的升高而增大，进而在液面上部形成蒸气。当分子由液体逸出的速度与分子由蒸气中回到液体中的速度相等时，液面上的蒸气达到饱和，称为饱和蒸气。它对液面所施加的压力称为饱和蒸气压。实验证明，液体的蒸气压只与温度有关，即液体在一定温度下具有一定的蒸气压（图 2.7）。

当液体的蒸气压增大到与外界施于液面的总压力（通常是大气压力）相等时，就有大量气泡从液体内部逸出，即液体沸腾。这时的温度称为液体的沸点。纯粹的液体有机化合物在一定的压力下具有一定的沸点（沸程 0.5～1.5℃）。沸点是液体有机化合物的物理常数之一，因此通过测定沸点可以鉴别有机化合物并判断其纯度。但并不是具有固定沸点的液体都是纯粹的化合物，因为某些有机化合物常和其他组分形成二元或三元共沸混合物，它们也有恒定的沸点。

蒸馏是将液体有机物加热到沸腾状态，使液体变成蒸气，又将蒸气冷凝为液体的过程。

通过蒸馏可除去不挥发性杂质，也可分离沸点差大于 30℃的液体混合物，还可以测定纯液体有机物的沸点及定性检验液体有机物的纯度。

三、药品和仪器

药品：乙醇。

仪器：蒸馏瓶，温度计，直型冷凝管，接受器，接受瓶，量筒。

四、实验装置

主要由汽化、冷凝和接收三部分组成，如图 2.8 所示：

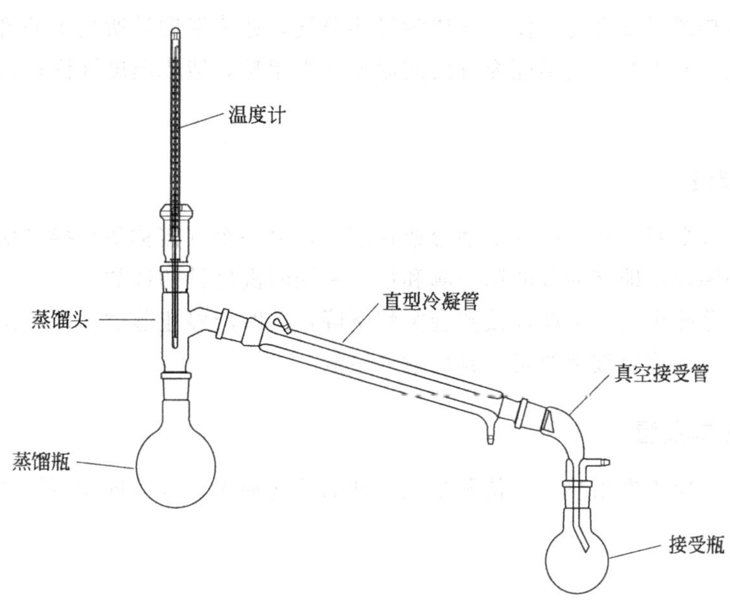

图 2.8　蒸馏装置

1.蒸馏瓶：蒸馏瓶的选用与被蒸液体量的多少有关，通常装入液体的体积应为蒸馏瓶容积的 1/3～2/3。液体量过多或过少都不宜（为什么?）。在蒸馏低沸点液体时，选用长颈蒸馏瓶；而蒸馏高沸点液体时，选用短颈蒸馏瓶。

2.温度计：温度计的量程应根据被蒸馏液体的沸点来选，低于 100℃，可选用量程 100℃温度计；高于 100℃，应选用量程 150℃以上的水银温度计。

3.冷凝管：冷凝管可分为水冷凝管和空气冷凝管两类，水冷凝管用于被蒸液体沸点低于 140℃；空气冷凝管用于被蒸液体沸点高于 140℃（为什么?）。

4.接受器及接受瓶：接受器将冷凝液导入接受瓶中。常压蒸馏若被蒸馏物质挥发性较小可选用锥形瓶等小口瓶为接受瓶；否则要选择圆底烧瓶为接受瓶。减压蒸馏必须选用圆底烧瓶为接收瓶。

5.仪器安装顺序为：先下后上，先左后右。拆卸仪器与其安装顺序相反。

五、实验步骤

1.加料

将待蒸乙醇40mL小心倒入蒸馏瓶中，加入几粒沸石（为什么?），塞好带温度计的塞子，注意温度计的位置。再检查一次装置是否稳妥与严密。

2.加热

先打开冷凝水龙头，缓缓通入冷水，使冷凝管充满水（冷却水流速以能保证蒸气充分冷凝为宜，通常只需保持缓缓水流即可），然后开始加热。注意冷水自下而上，蒸气自上而下，两者逆流，冷却效果好。当液体沸腾，蒸气到达水银球部位时，温度计读数急剧上升，调节热源，使蒸馏速度以每秒1～2滴为宜，让水银球上液滴和蒸气达到平衡。此时温度计读数就是馏出液的沸点。

蒸馏时若热源温度太高，使蒸气成为过热蒸气，造成温度计所显示的沸点偏高；若热源温度太低，馏出物蒸气不能充分浸润温度计水银球，造成温度计读得的沸点偏低或不规则。

3.收集馏液

准备两个接受瓶，一个接受前馏分或称馏头，另一个（需称重）接受所需馏分，并记下该馏分的沸程：即该馏分的第一滴和最后一滴时温度计的读数。

在所需馏分蒸出后，温度计读数会突然下降，此时应停止蒸馏。即使杂质很少，也不要蒸干，以免蒸馏瓶破裂及发生其他意外事故。

4.拆除蒸馏装置

蒸馏完毕，应先撤出热源，待蒸馏瓶冷却后停止通水，最后拆除蒸馏装置（与安装顺序相反）。

六、思考题

1.什么叫沸点？液体的沸点和大气压有什么关系？文献里记载的某物质的沸点是否即为你们那里的沸点温度？

2.蒸馏时加入沸石的作用是什么？如果蒸馏前忘记加沸石，能否立即将沸石加至将近沸腾的液体中？当重新蒸馏时，用过的沸石能否继续使用？

3.为什么蒸馏时最好控制馏出液的速度为每秒1～2滴？

4.如果液体具有恒定的沸点，那么能否认为它是单纯物质？

实验四　重结晶及过滤

我们知道水在温度不断地下降时会变成冰，有机化合物同样可以在温度降低的过程中，由于分子间的范德华力作用形成的分子簇得到结晶，但这一过程不容易除去晶体中的杂质。重结晶是重要的固体有机化合物的提纯方法之一。在有机反应中分离出来的固体往往是不纯的，经常含有未反应的原料、反应的副产物以及催化剂等等杂质。对于这类物质提纯，选择合适的溶剂进行重结晶是比较有效的方法。重结晶一般过程为：

① 选择合适的溶剂或溶剂对；

② 溶解固体有机物：将不纯的固体有机物在溶剂的沸点或者接近溶剂沸点的温度下溶解在溶剂中，制成接近饱和的浓溶液；

③ 如果含有有色杂质，用活性炭进行脱色；

④ 趁热过滤除去活性炭及不溶性杂质；

⑤ 冷却结晶；

⑥ 过滤洗涤收集结晶；

⑦ 干燥。

2.4.1　基本原理

重结晶过程进行提纯一般适用于杂质含量在 5%以下的固体有机混合物。在任何情况下，杂质含量过多不利于重结晶的进行：影响结晶速度，甚至妨碍结晶的生成。需先采用其他方法进行初步提纯，如萃取、蒸馏等，然后再进行重结晶提纯。

固体有机物在溶剂中的溶解度一般随着温度的升高，逐渐增大。若把固体有机物在热的溶剂中达到饱和，那么冷却时由于溶解度降低，溶液就由饱和溶液变成了过饱和溶液，从而析出结晶。利用溶剂对被提纯物质及杂质的溶解度差异，可以使被提纯物质因过饱和而析出，而杂质全部或大部分留在溶液中（若杂质在溶剂中溶解度极小，配成被提纯物质的饱和溶液后，过滤除去杂质即可），从而达到提纯的目的。

假设固体混合物是由 9.5g 被提纯物质 A 和 0.5g 杂质 B 组成，选择溶剂进行重结晶。室温下被提纯物质 A 和杂质 B 在该溶剂中的溶解度分别为 S_A 和 S_B，通常存在着下列情况：

① 杂质较易溶解（$S_A<S_B$），假设室温下 $S_A=0.5$g/100mL，$S_B=2.5$g/100mL，如果被提纯物质 A 在此沸腾溶剂中的溶解度为 9.5g/100mL，那么使用 100mL 溶剂即可使混合物在沸腾溶剂中全部溶解。将此溶液冷却至室温，可以析出被提纯物质 A9g，而杂质 B 仍留在母液中。被提纯物的损失很少，产物的回收率达到 94%。如果被提纯物质 A 在溶剂中的溶解度加大，那么我们可以得到更高的回收率。由此可以看出，如

果杂质在冷溶剂中溶解度大，而被提纯物质在冷溶剂中溶解度小，或者被提纯物质在溶剂中的溶解度随着温度的变化大，则有利于提纯该物质并提高回收率。

② 杂质较难溶解（$S_A > S_B$），假设室温下 $S_B = 0.5g/100mL$，$S_A = 2.5g/100mL$，被提纯物质A在沸腾溶剂中的溶解度仍为9.5g/100mL，那么在100mL溶剂中重结晶后，母液中残留有2.5g，而杂质B全部留在母液里。被提纯物质回收率为74%。如果想提高回收率，只能进行再次重结晶，因为如果减少溶剂用量，会导致杂质B的析出。在这种情况下，如果混合物中杂质含量很多，那么重结晶所用溶剂量加大，或者增加重结晶次数，因而会导致操作过程长，回收率大大降低。

③ 两者溶解度相等（$S_A = S_B$），假设二者溶解度均为2.5g/100mL，也用100mL溶剂进行重结晶，那么最后仍得到被提纯物质A 7g，回收率74%。这个是我们假设仅含杂质B 5%的情况下的回收率。如果杂质含量很多，那么用重结晶来提纯就很难实现。当被提纯物质和杂质含量相等时，就无法用重结晶方法进行分离了。

2.4.2 操作步骤

重结晶溶剂的选择：根据“相似相溶”原理，一般极性物质易溶于极性溶剂中，而难溶于非极性溶剂中。如碳氢化合物、环己烷可以溶解碳氢化合物和其他非极性有机物，而含有羟基的化合物如水、乙醇等则能溶解极性有机物。然而，通常情况下，仅仅根据一个化合物的分子结构，很难判断出哪种溶剂最适合，必须通过实验来确定。固体有机物在溶剂中的溶解度跟温度密切相关。一般随着温度的升高，溶解度增大。最适合的溶剂（非理想溶剂）需要有以下几个特性：

① 不与被提纯物质发生任何化学反应；

② 在热的情况下能很好地溶解被提纯物质，达到饱和；而在冷却时，由于溶解度降低而析出晶体；

③ 对于其中的杂质无论是在热的情况下还是在冷的情况下，都要有很好的溶解度；

④ 无毒、不易燃、价格便宜、易挥发（易于从晶体中除去）。

常用重结晶溶剂见表2.2。

表2.2 常用重结晶溶剂

溶剂	沸点/℃	说明
水	100	具有无毒，不易燃，价格便宜，可以溶解大多数极性有机物的优点；缺点是不易从晶体中除去
甲醇	64	常用溶剂，可以溶解大极性化合物，溶解能力高于其他醇
95%乙醇	78	重结晶常用溶剂之一，其对于弱极性化合物的溶解能力大于甲醇，易于从晶体中挥发掉；酯在用乙醇进行重结晶时可能会发生醇交换过程
丙酮	56	常用良溶剂，由于沸点较低，导致在沸点时和在室温下化合物的溶解度差异不大
2-丁酮	80	重结晶常用优秀溶剂，具备了重结晶要求的各种性能
乙酸乙酯	77	具有中等沸点的良溶剂，其缺点是不易从晶体中除去
二氯甲烷	40	由于沸点太低，不能单独做重结晶溶剂，经常与石油醚一起做混合溶剂重结晶
乙醚	35	经常与石油醚一起做混合溶剂重结晶

续表

溶剂	沸点/℃	说　明
甲基叔丁基醚	52	价格便宜，不易形成过氧化物，挥发性比乙醚低，与乙醚具有相同的溶剂性能
二氧六环	101	溶解性很好，较易从结晶中除去；缺点是中等致癌物，易形成过氧化物
甲苯	111	可以溶解大多数芳香族化合物，可替代苯；由于沸点高，不易从结晶中除去
正戊烷	36	常用的非极性溶剂，与很多常用溶剂一起作为混合溶剂重结晶用
正己烷	69	重结晶常用非极性溶剂
环己烷	81	同正己烷相同
石油醚	30～60	烃类混合物，经常取代正戊烷，价格便宜
石油醚	60～90	烃类混合物，可替代正己烷作为重结晶溶剂

2.4.2.1　溶剂选择

一般化合物可以通过查阅手册或辞典中溶解度一栏，来初步选择哪几种溶剂可以用于该物质的重结晶。溶剂的最后选择还要通过实验来确定。

取少量待结晶固体粉末于试管中，用滴管逐滴加入所选溶剂，并不断地震荡，如果固体粉末在室温下迅速溶解，说明该溶剂不适合作为重结晶溶剂，因为在低温下会有很多产物溶解在溶剂中。如果固体粉末在室温下不溶解，那么可以在砂浴中加热试管，观察固体溶解情况：如果固体粉末在溶剂沸点时溶解，冷却后析出晶体，说明该溶剂适合做重结晶溶剂。如果不是这种情况，通过蒸发除去所加溶剂，试验其他溶剂。一般先选择低沸点溶剂进行试验（沸点低，容易通过蒸发除去），再选择高沸点溶剂进行试验，直到选择出合适的溶剂。如果几种溶剂同样适用时，可根据结晶的回收率、操作难易、溶剂的毒性、易燃性和价格等因素综合考虑，选择溶剂。

当被提纯物质在一些溶剂中溶解度太大，在另一些溶剂中溶解度太小，无法选择单一溶剂进行重结晶时，可考虑混合溶剂重结晶，以得到满意的效果。

混合溶剂重结晶：混合溶剂中的这两种溶剂必须是互溶的。其中一种溶剂为被提纯固体的良溶剂（被提纯固体在其中溶解度较高），另一种为被提纯固体的不良溶剂（固体在其中的溶解度较低），把这两种溶剂混合起来，来获得新的良好溶解性能的混合溶剂。利用混合溶剂进行重结晶操作时有两种方法：一是将被提纯固体在热的良溶剂全部溶解，达到饱和，向该热溶液中滴加不良溶剂，直至溶液出现混浊不再消失，然后再滴加少量良溶剂或稍热使其恰好透明，然后冷却至室温，使晶体析出；二是将两种溶剂配成混合溶剂后，直接用该混合溶剂进行重结晶操作。常用混合溶剂见表 2.3。

表 2.3　常用混合溶剂

乙酸-水	乙酸乙酯-环己烷
乙醇-水	丙酮-石油醚
丙酮-水	乙酸乙酯-石油醚
二氧六环-水	甲基叔丁基醚-石油醚
丙酮-乙醇	二氯甲烷-石油醚
乙醇-甲基叔丁基醚	甲苯-石油醚

2.4.2.2 溶解

将待提纯物质放置于锥形瓶（不要用烧杯）中，加入适量溶剂，然后在水浴（如果溶剂沸点低于90℃）或加热盘上加热，直至溶液沸腾。加热过程中不断搅拌或摇动锥形瓶来促进固体溶解。在保持溶液沸腾的情况下，逐渐加入溶剂，直至固体刚好全部溶解。在溶解过程中，如果有大块固体未溶解，可用玻璃棒将其压碎成小块或粉末；在溶液沸腾下进行搅拌时要小心不要让液体出现暴沸现象；在使用易燃溶剂进行重结晶时，请一定远离明火，避免发生火灾！

注意不要加入过多的溶剂，一般可比理论需要量多加10%～20%（操作时溶剂会因挥发而减少）。在溶剂沸腾的状态下，当大部分固体物质很快溶解，但仍有部分固体不能溶解时，请停止加入溶剂。因为不溶解的固体极有可能是不溶性杂质，即使加再多的溶剂也不能使其溶解。在被提纯物质溶解过程中，尽量用最少的溶剂使待提纯物质全部溶解，溶剂使用过多，此时在沸腾状态下就不是饱和溶液，那么冷却时会导致结晶损失大（因为一部分物质会因为溶解而留在母液中）。

如果出现不溶性杂质，要进行热过滤除去不溶性杂质，如果滤液澄清透明无色，则可直接进行冷却结晶，析出固体；过滤后如果滤液有颜色，则需要进行脱色处理。

2.4.2.3 脱色

有机化学反应副产物很多，某些反应会产生分子量比较大而且带有颜色的副产物，为了将这些副产物除去，需要用活性炭（活性炭具有极大的表面积，每克活性炭具有几百平方米的表面积，在其表面可以吸附很多分子）在溶剂沸腾的状态下吸附有色杂质从而达到除去有色杂质的目的。大部分有机化合物都是无色或者浅黄色，所以脱色这一步骤并不是必需的。

用活性炭除去有色杂质的方法，存在着两个不足：一是活性炭粉末很细，只能通过滤纸过滤的方法除去，活性炭粉末经常会透过滤纸进入滤液中，导致滤液呈现了活性炭色；二是加入活性炭到溶液中后，溶液中有色杂质的颜色都被活性炭的黑色所替代，无法准确地判定活性炭加入量是否已经达到除去有色杂质的目的。

活性炭加入量对有色杂质的去除和产品的回收率有很大影响：加入量过少，过滤后滤液仍然有颜色——有色杂质未除干净；加入量过多，会导致有部分产品会被活性炭吸附，从而导致产品回收率降低。一般活性炭的加入量为被提纯物质质量的1%～5%。活性炭用量选定后，最好一次脱色完毕，以减少操作损失。具体操作为：将溶解后的热溶液稍冷，加入活性炭（千万不要向沸腾的溶液中加入活性炭!! 活性炭是多孔物质，起到了沸腾中心的作用，会导致溶液暴沸），再加热煮沸5～10min后，进行热过滤。

2.4.2.4 过滤除去固体悬浮物

过滤有几种方法：简单过滤、减压过滤、倾倒过滤。

① 倾倒过滤：这个方法适用于大规模生产，特别是固体不溶物质是类似于硫酸钠晶体状，这样可以将热溶液倒出，固体留在容器内。容器内的固体需要用几毫升溶剂洗涤几次，尽可能地将被提纯物质全部与固体杂质分离开来。

② 减压过滤：这一方法不能直接用于热饱和溶液过滤，因为在减压过程中，热饱和溶液会被冷却，一旦被冷却就会有被提纯物质的析出，导致固体在布氏漏斗上析出，与固体不溶物混合在一起，达不到过滤的目的。

③ 简单过滤：该方法是利用液体的自身重力达到过滤的目的，是热溶液过滤常用方法，可以过滤除去活性炭、灰尘等不溶固体物质。有机溶剂大多易燃，过滤易燃溶剂时，必须熄灭附近的明火火源。要完成热过滤这一操作需要三个锥形瓶（放置在水浴中或加热盘上）：一个盛有待过滤的热溶液；一个是带有无颈玻璃漏斗（玻璃漏斗中放置有折好的滤纸）的锥形瓶；一个盛有少量热溶剂，用于过滤最后的洗涤固体。

滤纸的折叠方法：如图 2.9 所示，将选定的圆滤纸按图先一折为二，再沿着 2、4 折成 1/4。然后将 1、2 的边沿折至 4、2；2、3 的边沿折至 2、4，分别在 2、6 和 2、5 处产生新的折纹。继续将 2、6 折向 2、4，2、5 折向 2、4，分别得到 2、8 和 2、7 处的折纹。同样以 2、3 对 2、5，1、2 对 2、6 分别折出 2、9 和 2、10 折纹。最后在 8 个等分的每个小格中间以相反的方向折成 16 等分，结果得到折扇一样的排列。再在 1，2 和 2，3 处各向内折一小折面，展开后即得到折叠滤纸（也叫扇形滤纸或菊花滤纸）。在折纹集中的圆心处，折时切勿重压，否则滤纸中央在过滤时容易破裂。使用前，应将折好的滤纸翻转并整理好后再放入漏斗中，这样可以避免被手指弄脏的一面接触滤过的滤液。滤纸的大小一定要低于漏斗边缘。

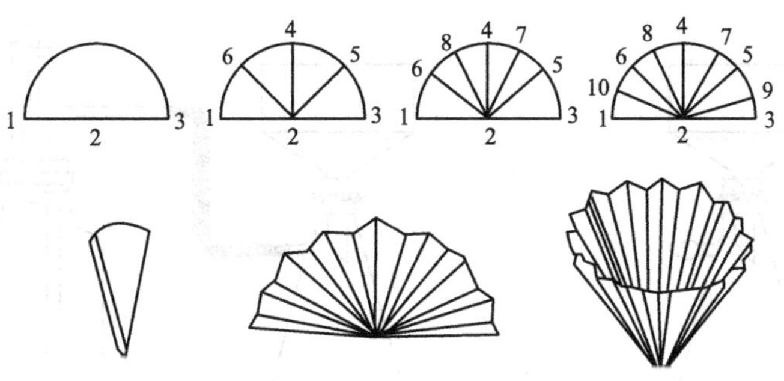

图 2.9 滤纸的折叠方法

所用漏斗须为无颈漏斗。如果用有颈漏斗，在过滤过程中会由于冷却使得被提纯物质在漏斗颈内析出，导致结晶堵塞漏斗颈，使过滤很难继续进行。漏斗必须事先被预热，避免在过滤时在漏斗上出现结晶现象。预热漏斗的方法有两种：一是将漏斗倒扣在沸腾的水浴锅上放置几分钟，然后取下（垫毛巾），擦干，放上滤纸进行过滤；二是将无颈漏斗放置在盛有沸腾的饱和溶液的锥形瓶上，让沸腾的溶剂来预热漏斗。

将热溶液以稳定的流速倒入准备好的垫有滤纸的漏斗中进行过滤。仔细观察过滤过程是否有结晶析出，如果有，加入少量热溶剂（不宜太多）使之溶解，继续过滤直至完成，最后用少量热溶剂（不宜太多）洗涤固体，使被提纯物全部进入滤液中。

由于过滤过程中加入了额外的热溶剂，这使得热溶液不是饱和溶液，需要加热除去过多溶剂，以保证热溶液为饱和溶液。

2.4.2.5 结晶

在热溶液达到饱和状态下，将滤液放置自然缓慢冷却到室温（不要搅动溶液），会有晶体析出（如果缓慢冷却到室温仍无晶体析出，可以向溶液中投入晶种，帮助晶体析出或者用玻璃棒刮擦容器内壁——气液界面处，加速晶体析出），这时结出的晶体比较大，易于过滤，并且比较纯净。待室温下再没有晶体析出后，让溶液在冰水浴中继续冷却至晶体析出完全。如果直接将热滤液放在冰水浴中迅速冷却并不断地搅动加速晶体析出，析出的晶体颗粒比较细小，具有很大的表面积，会吸附很多杂质在其表面，杂质不易于洗涤、过滤除去。

2.4.2.6 抽滤

晶体的过滤，经常采用布氏漏斗抽滤。滤纸、布氏漏斗和吸滤瓶要配套。将滤纸（滤纸的直径小于漏斗直径，但要覆盖漏斗所有小孔）放入布氏漏斗中，用少量溶剂润湿，使其贴紧布氏漏斗，确保晶体不会从边缘漏出进入吸滤瓶。将布氏漏斗与吸滤瓶连接（布氏漏斗口对准吸滤瓶支管）。吸滤瓶连接上水泵（图 2.10），打开水泵，将冷却的固体和母液倒入到布氏漏斗中央，待液体消失后，断开吸滤瓶与水泵的连接。用少量冷溶剂洗涤锥形瓶，倒入布氏漏斗，连接水泵继续抽滤（该步操作可重复）。将过滤所得固体刮到一个称重的滤纸上，进行自然干燥或者进行真空干燥去除固体中夹杂的溶剂。

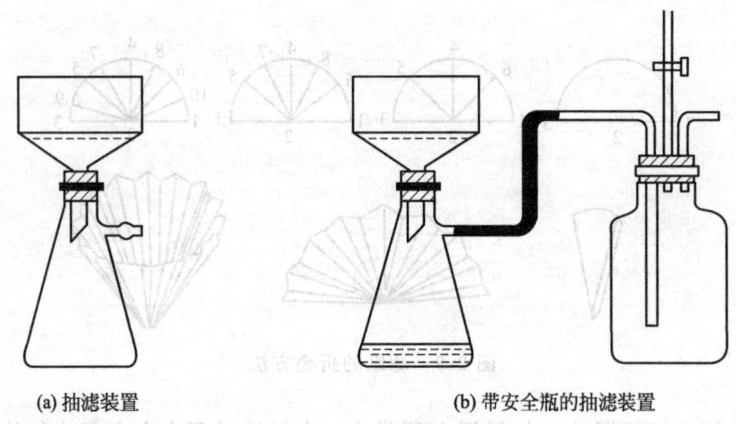

(a) 抽滤装置　　(b) 带安全瓶的抽滤装置

图 2.10　常用抽滤装置

2.4.3 实验　重结晶

一、实验目的

1. 了解重结晶原理，初步学会用重结晶方法提纯固体有机化合物。掌握热过滤和抽滤操作。

2. 通常反应生成的固体有机物含有杂质——副产物、没反应的原料、催化剂等。需选用适当的溶剂进行重结晶提纯。

二、基本原理

固体有机物在溶剂中的溶解度一般随温度的升高而增大。把固体有机物溶解在热的溶剂中使之饱和，冷却时由于溶解度降低，有机物又重新析出晶体。利用溶剂对被提纯物质及杂质的溶解度不同，使被提纯物质从过饱和溶液中析出。让杂质全部或大部分留在溶液中，从而达到提纯的目的。

注意：重结晶只适宜杂质含量在 5%以下的固体有机混合物的提纯。从反应粗产物直接重结晶是不适宜的，必须先采取其他方法初步提纯，然后再重结晶提纯。

三、药品和仪器

药品：2g 乙酰苯胺，活性炭。

仪器：布氏漏斗，吸滤瓶，烧杯。

四、实验步骤

1. 溶剂的选择

理想溶剂具备的条件，查手册、资料或通过实验来决定。

2. 制饱和溶液

在溶剂沸点温度下，将被提纯物制成饱和溶液，然后再多加 10%～20%的溶剂。(过多会损失，过少会析出。有机溶剂需要回流装置)。

若溶液含有色杂质，要加活性炭脱色。(用量为粗产品质量的 1%～5%）待溶液稍冷后加活性炭！再煮沸 5～10min。

3. 热过滤

方法一：用热水漏斗趁热过滤（预先加热漏斗，叠菊花滤纸，准备锥形瓶接收滤液，减少溶剂挥发用的表面皿)。若用有机溶剂，过滤时应先熄灭火焰或使用挡火板。

方法二：可把布氏漏斗和吸滤瓶预热，然后快速趁热过滤，以避免晶体析出而损失。

上述两种方法在过滤时，应先用溶剂润湿滤纸，以免结晶析出而阻塞滤纸孔。

4. 结晶

滤液置于小烧杯中静置，自然冷却，析出结晶（静大动小)。

5. 抽滤

用循环水泵（连接有安全瓶）进行抽滤，滤纸的直径应小于布氏漏斗内径，抽滤后，打开安全阀停止抽滤。用少量溶剂润湿晶体，继续抽滤，干燥。

五、思考题

1. 重结晶法一般包括哪几个步骤？各步骤的主要目的如何？

2. 重结晶时，溶剂的用量为什么不能过量太多，也不能过少？正确的应该如何？

3. 用活性炭脱色为什么要待固体物质完全溶解后才加入？为什么不能在溶液沸腾时加入？

4. 用水重结晶乙酰苯胺，在溶解过程中有无油状物出现？这是什么？

5. 停止抽滤前，如不先拔除橡皮管就关闭水阀（泵）会有什么问题产生？

实验五　水蒸气蒸馏

如果两种液体彼此相互溶解的程度很小以至于可忽略不计，即可视为不互溶混合物。在含有几种不互溶的挥发性混合物中，每一组分 i 的在一定温度下的蒸气分压 p_i 等于在同一温度下该化合物单独存在的蒸气压 p_{i0}，而不是取决于该混合物中各化合物的摩尔分数。这就是说该混合物中的每一组分都是独立蒸发的。这一性质与互溶液体的混合物（即溶液）完全不同，互溶液体混合物中每一组分的分压等于该化合物单独存在的蒸气压与它在该混合物中所占的摩尔分数的乘积（道尔顿定律）。

根据道尔顿气体分压定律：与一种互不相溶的混合物对应的气相总压力 p，总等于该温度下各组分气体分压之和，所以互不相溶的挥发性物质的混合物的总蒸气压如方程所示：

$$p=p_1+p_2+p_3+\cdots=\sum p_i$$

从上式可知，任何温度下混合物的总蒸气压都大于任一组分的蒸气压，因为它包含了混合物其他组分的蒸气压。由此可见，在相同外压下，不互溶混合物的沸点要比其中沸点最低的组分沸腾的温度还要低，这样可以在不太高的温度下蒸馏出易挥发组分。

一、实验目的

1. 了解水蒸气蒸馏的基本原理，使用范围和被蒸馏物应具备的条件。

2. 熟练掌握常量水蒸气蒸馏仪器的组装和使用方法。

二、实验原理

水蒸气蒸馏是分离和纯化与水不相混溶的挥发性有机物常用方法。适用范围：

① 从大量树脂状杂质或不挥发性杂质中分离有机物；

② 除去不挥发性的有机杂质；

③ 从固体反应混合物中分离被吸附的液体产物；

④ 从那些沸点很高且在接近或达到沸点温度时易分解、变色的挥发性液体或固体有机物中除去不挥发性的杂质。但是对于那些与水共沸时会发生化学反应的或在 100℃ 左右时蒸气压小于 1.3kPa 的物质，这一方法不适用。

三、药品和仪器

药品：2g 邻硝基苯酚，2g 对硝基苯酚。

仪器：水蒸气发生器，250mL 三口烧瓶，直型冷凝管，蒸馏头，接受管。

四、实验步骤

1. 实验装置

常用的水蒸气蒸馏装置包括水蒸气发生器（图 2.11）、蒸馏、冷凝和接受器四个部分。

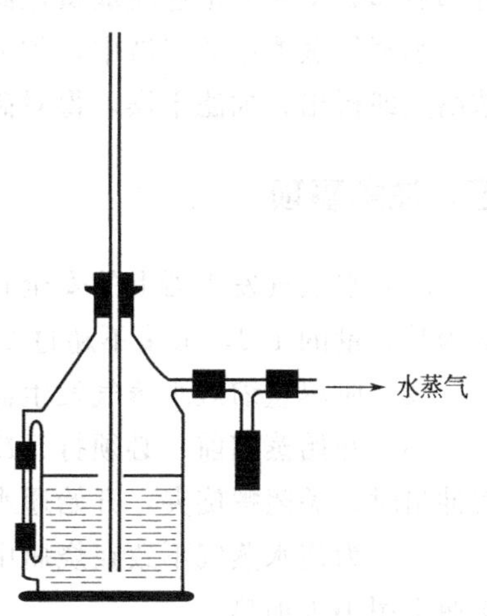

图 2.11　水蒸气发生器

水蒸气导出管与蒸馏部分导管之间由 T 形管相连接。T 形管用来除去冷凝下来的水。在操作发生不正常的情况下，可使水蒸气发生器与大气相通。蒸馏瓶中的液体量不能超过其容积的 1/3。水蒸气导入管应正对烧瓶底中央，距瓶底约 8～10mm，导出管连接在一直型冷凝管上。见图 2.12。

2. 实验操作

在水蒸气发生器中，加入约占其容量 3/4 的水，待检查整个装置不漏气后，旋开 T 形管的螺旋夹，加热至沸腾。当有大量水蒸气产生并从 T 形管的支管冲出时，立即旋紧螺旋夹，水蒸气便进入蒸馏部分，开始蒸馏。在蒸馏过程中，通过水蒸气发生器安全管中水面的高低，可以判断水蒸气蒸馏系统是否畅通，若水平面上升很高，则说明某一部分被阻塞了，这时应立即旋开螺旋夹，然后移去热源，拆下装置进行检查（通常是由于水蒸气导入管被树脂状物质或焦油状物堵塞）和处理。若出现由于水蒸气的冷凝而使蒸馏瓶内液体量增加，可适当加热蒸馏瓶。但要控制蒸馏速度，以每秒 2～3 滴为宜，以免发生意外。

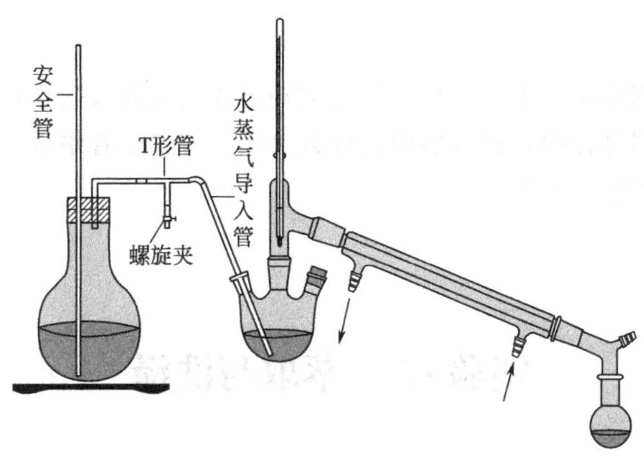

图 2.12　水蒸气蒸馏装置

当馏出液无明显油珠，澄清透明时，便可停止蒸馏。其顺序是先旋开螺旋夹，然后移去热源，否则可能发生倒吸现象。

3. 水蒸气蒸馏分离邻硝基苯酚和对硝基苯酚

取 4g 混合的邻硝基苯酚和对硝基苯酚，放于 250mL 三口烧瓶中，搭水蒸气蒸馏装置[1~6]，进行水蒸气蒸馏直至冷凝管[7] 中无黄色油滴馏出为止（注意事项8），馏出液冷却后邻硝基苯酚迅速凝成黄色固体，抽滤干燥，得邻硝基苯酚。

水蒸气蒸馏后的残液中，加入5mL浓盐酸，放在冰浴中，边搅拌边冷却，对硝基苯酚立即析出，抽滤干燥，得对硝基苯酚。

五、注意事项

[1] 水蒸气发生器上的安全管（平衡管）不宜太短，其下端应接近器底，盛水量通常为其容量的1/2，最多不超过2/3，最好在水蒸气发生器中加沸石起助沸作用。

[2] 应尽量缩短水蒸气发生器与蒸馏烧瓶之间的距离，以减少水汽的冷凝。

[3] 开始蒸馏前，必须打开冷凝水和T形管上的螺旋夹。当T形管的支管有水蒸气冲出时，关闭螺旋夹，开始通水蒸气，进行蒸馏。

[4] 为使水蒸气不致在烧瓶中冷凝过多而增加混合物的体积，在通水蒸气时，可在烧瓶下用小火加热。

[5] 在蒸馏过程中，要经常检查安全管中的水位是否正常，如发现其突然升高，意味着有堵塞现象，应立即打开螺旋夹，移去热源，使水蒸气发生器与大气相通，避免发生事故（如倒吸），待故障排除后再行蒸馏。如发现T形管支管处积水过多，超过支管部分，也应打开螺旋夹，将水放掉，否则将影响水蒸气通过。

[6] 水蒸气蒸馏时，往往由于邻硝基苯酚的晶体析出而堵塞冷凝管，此时必须调节冷凝水，让热的蒸汽通过使其熔化，然后再慢慢开大水流，以免热的蒸汽使邻硝基苯酚伴随逸出。

[7] 当馏出液澄清透明，不含有油珠状的有机物时，即可停止蒸馏，这时也应首先打螺旋夹，然后移去热源。

六、思考题

1.进行水蒸气蒸馏时，水蒸气导入管的末端为什么要插入到接近于容器的底部？

2.在水蒸气蒸馏过程中，经常要检查什么事项？若安全管中水位上升很高，说明什么问题，如何处理才能解决呢？

实验六　萃取与洗涤

萃取，又称溶剂萃取或液-液萃取，亦称抽提，是有机化学实验室中用来提取和纯化化合物的手段之一。它是利用系统中组分在溶剂中有不同的溶解度来分离混合物的单元操作，即是利用物质在两种互不相溶（或微溶）的溶剂中溶解度或分配系数的不同，使溶质物质从一种溶剂内转移到另外一种溶剂中的方法。将萃取后两种互不相溶的液体分开的操作，叫作分液。萃取和分液两个操作密不可分。

固-液萃取，也叫浸取，用溶剂分离固体混合物中的组分，如用水浸取甜菜中的糖类；用酒精浸取黄豆中的豆油以提高油产量；用水从中药中浸取有效成分以制取流浸膏叫“渗沥”或“浸沥”。

虽然萃取经常被用在化学实验中，但它的操作过程并不造成被萃取物质化学成分的改变（或说发生化学反应），所以萃取操作是一个物理过程。

萃取方法理论的主要依据是分配定律，物质对不同的溶剂有着不同的溶解度。在两种互不相溶的溶剂中，加入某种可溶性的物质时，它能同时溶解于两种溶剂中。实验证明，在一定温度下，当化合物与两种溶剂不发生分解、电解、缔合和溶剂化等作用时，此化合物会达到溶解平衡。这时该化合物在两种溶剂中的浓度之比是一个定值。不论所加物质的量是多少，都是如此。用公式表示为

$\frac{c_A}{c_B}=K$，c_A，c_B 分别表示一种物质在两种互不相溶的溶剂中的浓度；K 是常数，称为“分配系数”。

萃取即是利用物质在两种互不相溶（或微溶）的溶剂中溶解度或分配系数的不同，可从固体或液体混合物中提取出所需要的物质。

要把所需要的溶质从溶液中完全萃取出来，通常萃取一次是不够的，必须重复萃取数次。通常把溶剂分成数次作多次萃取比用全部量的溶剂作一次萃取好。可以用分配定律计算在反复萃取后，溶质所剩的量。

设 A 液有 V(mL)，含有溶质 W(g)，用 B 液萃取溶液。用 L(mL) 第一次萃取后，A 液中剩余溶质为 W_1(g)，则在 A 液和 B 液中浓度分别为：

$$C_A=\frac{W_1}{V} \qquad C_B=\frac{W-W_1}{L}$$

分配常数
$$K=\frac{C_A}{C_B}=\frac{\frac{W_1}{V}}{\frac{W-W_1}{L}}=\frac{W_1L}{V(W-W_1)}$$

一次萃取后 A 液中剩余溶质的质量 W_1：$W_1=W\frac{KV}{KV+L}$

如用等量的 B 液萃取两次，在 A 液中剩余溶质量为 W_2(g)，则 A 液中剩余溶质的质量 W_2：

$$W_2=W_1\frac{KV}{KV+L}=W\left(\frac{KV}{KV+L}\right)^2$$

显然，经过 n 次萃取后 A 中剩余溶质质量 W_n：

$$W_n=W\left(\frac{KV}{KV+L}\right)^n$$

由上式可以看出，W 是一定值，要使 W_n 值小，最好增加 n 值，减少 L 值。也就是上式中 $\frac{KV}{KV+L}$ 的比值总是小于 1。所以 n 越大，W_n 就越小。这就说明把一定量的溶剂分成 n 份，多次萃取比用全部溶剂的量作一次萃取的效果要好。

根据“相似者相溶”，有机化合物在有机溶剂中一般比在水中的溶解度大。用有机溶剂提取溶解于水中的有机物是萃取的典型实例。在萃取时，若在水溶液中加入一定量的电解质（如氯化钠），因“盐析效应”，有机物和萃取溶剂在水溶液中的溶解度会有所降低，常以此方法提高萃取效率。

一、实验目的

学习萃取的原理和方法。

二、实验原理

萃取是有机化学实验中用来提取或纯化有机化合物的常用方法之一。它是根据分配定律，利用物质在两种不互溶（或微溶）溶剂中溶解度或分配比的不同来达到分离、提取或纯化目的。应用萃取可以从固体或液体混合物中提取出所需物质，也可以用来洗去混合物中少量杂质。通常称前者为“抽取”或“萃取”，后者为“洗涤”。

化学萃取（利用萃取剂与被萃取物起化学反应）也是常用的分离方法之一，主要用于洗涤或分离混合物，操作方法和前面的分配萃取相同。例如，利用碱性萃取剂从有机相中萃取出有机酸，用稀酸可以从混合物中萃取出有机碱性物质或用于除去碱性杂质，用浓硫酸从饱和烃中除去不饱和烃，从卤代烷中除去醇及醚等。

三、药品和仪器

药品：对甲苯胺，α-萘酚，萘，盐酸，氢氧化钠，乙醚。

仪器：分液漏斗，锥形瓶，烧杯。

四、实验步骤

1. 分液漏斗[1] 的使用

分液漏斗使用前必须进行试漏[2]。在活塞上涂好润滑脂，塞后旋转数圈，使润滑脂均匀分布，可再用小橡皮圈套住活塞尾部的小槽，防止活塞滑脱。关好活塞并注入试液。待确定不漏后[3] 装入待萃取物和萃取溶剂[4]。塞好顶部塞子（塞子不能涂润滑脂），旋紧。先用右手食指末节将漏斗上端玻塞顶住，再用大拇指和中指握住漏斗，取下漏斗，活塞柄稍微向上倾斜，用左手拳握在活塞的柄上，大拇指和食指控制活塞（注意手掌不能碰到活塞）（如图 2.13 所示），轻轻左右振摇分液漏斗，使两相之间充分接触，以提高萃取效率。每振摇几次后，要将漏斗下口向上倾斜（朝无人处或朝着通风橱内）打开活塞放气，以解除漏斗中的压力。如此重复至放气时只有很小压力后，再剧烈振摇 2～3min，置于铁圈中静置。待两相完全分开后，打开上面的塞子[5]，再将下部活塞缓缓旋开，下层液体自活塞放出，有时在两相间可能出现一些絮状物也应同时放去；若出现乳化现象难以分层，则需进行破乳处理[6]，然后将上层液体从分液漏斗上口倒出，切不可也从下部活塞放出，以免被残留在漏斗颈上的另一种液体所沾污[7]。

2. 用萃取法分离三组分混合物

取 3g 对甲苯胺、α-萘酚、萘混合组分，溶于 25mL 乙醚中，将溶液转入 125mL 分

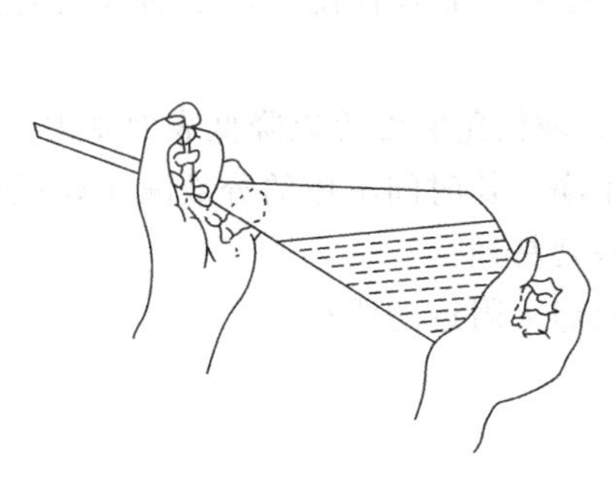
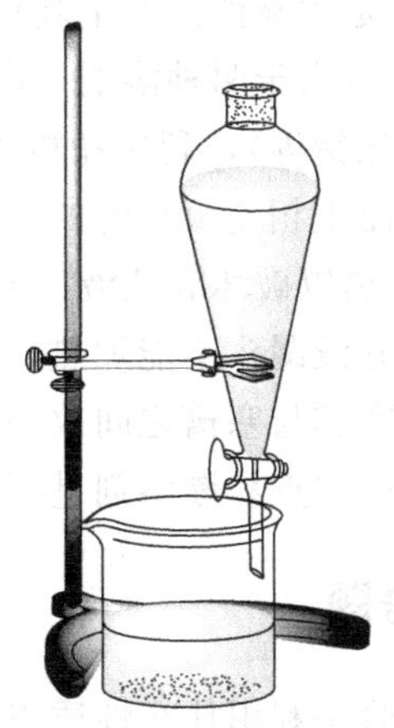

图 2.13　分液漏斗的使用

液漏斗中。配制 3mL 盐酸溶解在 25mL 水中的溶液，加入到分液漏斗中，充分振荡，静置分层后，分去水层。用同样的酸再洗一次，最后用 20mL 水洗涤有机相，合并三次水相，放置待后处理。剩下的乙醚溶液用 2g 氢氧化钠溶于 20mL 水配制的溶液洗两次，并用 20mL 水洗一次，合并水相待后处理。将剩下的乙醚用无水硫酸钠干燥 30min，搭蒸馏装置，在水浴中蒸馏回收乙醚，剩下固体称重，测定熔点。

向上面的酸性溶液中加入 10%的氢氧化钠溶液至其对石蕊试纸呈碱性，然后每次用 25mL 乙醚萃取碱液两次，用无水硫酸钠干燥乙醚，水浴蒸馏回收乙醚，剩下固体称重，测定熔点。

向上面的碱性溶液中缓缓加入浓盐酸至石蕊试纸呈酸性，并用冷水冷却溶液，有白色沉淀析出，抽滤得固体，干燥称重，测定熔点。

五、注意事项

[1] 液体萃取最常用分液漏斗，一般选择容积比被萃取液大 1～2 倍的分液漏斗。

[2] 分液漏斗在使用前要将漏斗颈上的旋塞芯取出，涂上凡士林（涂在旋塞芯的大头），另取少量凡士林涂在塞槽的小头，然后将塞芯插入塞槽内转动使油膜均匀透明，且转动自如。然后关闭旋塞，往漏斗内注水，检查旋塞处是否漏水，不漏水的分液漏斗方可使用。

[3] 漏斗内加入的液体量不能超过容积的 3/4。为防止杂质落入漏斗内，应盖上漏斗口上的塞子。

[4] 萃取溶剂的选择，应根据被萃取化合物的溶解度而定，并易于和溶质分开，所以最好用低沸点溶剂。一般难溶于水的物质用石油醚等萃取；较易溶者，用苯、乙醚或乙酸乙酯等萃取。每次使用萃取溶剂的体积一般是被萃取液体的 1/5～1/3，两者的总体积不应超过分液漏斗总体积的 2/3。

[5] 放液时，磨口塞上的凹槽与漏斗口颈上的小孔要对准或打开玻璃塞，这时漏斗内外的空气相通，压强相等，漏斗里的液体才能顺利流出。

[6] 乳化现象解决的方法：

① 较长时间静置；

② 若是因碱性而产生乳化，可加入少量酸破坏或采用过滤方法除去；

③ 若是由于两种溶剂（水与有机溶剂）能部分互溶而发生乳化，可加入少量电解质（如氯化钠等），利用盐析作用加以破坏。另外，加入食盐，可增加水相的比重，有利于两相比重相差很小时的分离；

④ 加热以破坏乳状液，或滴加几滴乙醇、磺化蓖麻油等以降低表面张力。

[7] 分液漏斗不能加热。使用后要洗涤干净；长时间不用的分液漏斗要把旋塞处擦拭干净，塞芯与塞槽之间放一纸条，以防磨砂处粘连。

使用低沸点易燃溶剂进行萃取操作时，应熄灭附近的明火。

六、思考题

本实验是利用什么性质来分离三组分的？请写出相关反应式。

实验七　减压蒸馏

液体的沸腾温度指的是液体的蒸气压与外压相等时的温度。外压降低时，其沸腾温度随之降低。

在蒸馏操作中，一些有机物加热到其正常沸点附近时，会由于温度过高而发生氧化、分解或聚合等反应，使其无法在常压下蒸馏。若将蒸馏装置连接在一套减压系统上，在蒸馏开始前先使整个系统压力降低到只有常压的十几分之一至几十分之一，那么这类有机物就可以在比其正常沸点低得多的温度下进行蒸馏。

有机物的沸腾温度与压力的关系可以近似地由图 2.14 表示。此图中有三条线：线 A 表示减压下有机物的沸腾温度（左边），线 B 表示有机物的正常沸点（中间），线 C 表示系统的压力（右边）。

在已知一化合物的正常沸点和蒸馏系统的压力时，连接线 B 上的相应点 b（正常沸点）和线 C 上的相应点 p（系统压力）的直线与左边的线 A 相交，交点 a 指出系统压力下此有机物的沸腾温度。

反过来，若希望在某个安全温度下蒸馏某种有机物，根据此温度及该有机物的正常沸点，也可以连一条直线交于右边的线 C 上，交点指出此操作必须达到的系统压力。

一、实验目的

1. 了解减压蒸馏的原理和应用范围。
2. 认识真空系统及其操作方法。
3. 掌握减压蒸馏仪器的安装和使用。

二、实验原理

液体的沸点是随外界压力的变化而变化的，如果借助于真空泵降低系统内压力，就

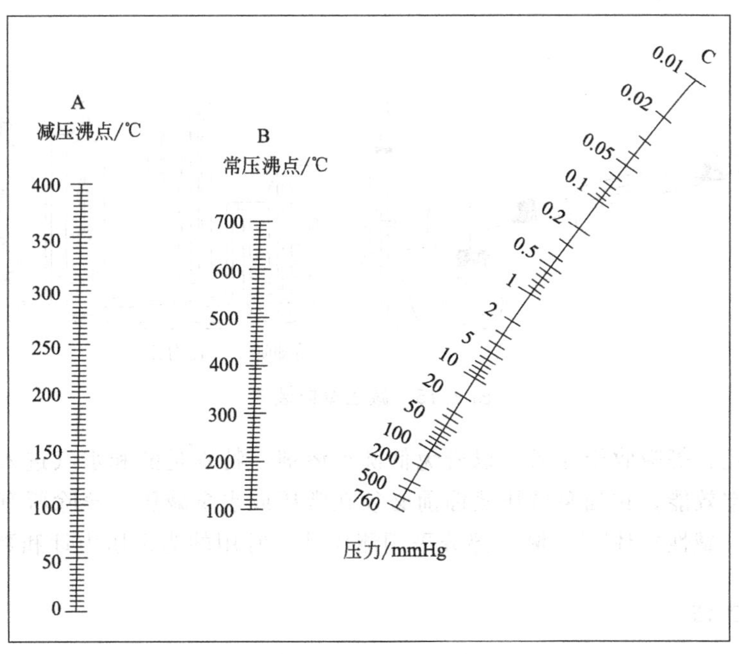

图 2.14　常压减压沸点对照图

可以降低液体的沸点，这便是减压蒸馏操作的理论依据。

减压蒸馏是分离和提纯有机化合物的常用方法之一，特别适用于那些在常压蒸馏时未达沸点即已受热分解、氧化或聚合的物质。

三、药品和仪器

药品：乙酰乙酸乙酯。

仪器：真空系统，圆底烧瓶，克氏蒸馏头，直型冷凝管，真空接受管。

四、实验步骤

1. 装置

减压蒸馏装置（图 2.15）主要由蒸馏、抽气（减压）、安全保护和测压四部分组成。蒸馏部分由蒸馏瓶、克氏蒸馏头、毛细管、温度计及冷凝管、接受器等组成。克氏蒸馏头可减少由于液体暴沸而溅入冷凝管的可能性；而毛细管的作用，则是作为气化中心，使蒸馏平稳，避免液体过热而产生暴沸冲出现象（在现代有机合成中，往往用搅拌子代替了毛细管，此时克氏蒸馏头换成普通蒸馏头即可）。毛细管口距瓶底约 1～2mm，为了控制毛细管的进气量，可在毛细玻璃管上口套一段软橡皮管，橡皮管中插入一段细铁丝，并用螺旋夹夹住。馏出液接受部分，通常用多尾接受器连接两个或三个梨形或圆底烧瓶，在接受不同馏分时，只需转动接受器，在减压蒸馏系统中切勿使用有裂缝或薄壁的玻璃仪器！尤其不能用不耐压的平底瓶（如锥形瓶等），以防止内向爆炸。

抽气部分用减压泵，最常见的减压泵有水泵和油泵两种；安全保护部分一般有安全瓶。若使用油泵，还必须有冷阱和分别装有粒状氢氧化钠、块状石蜡及活性炭或硅

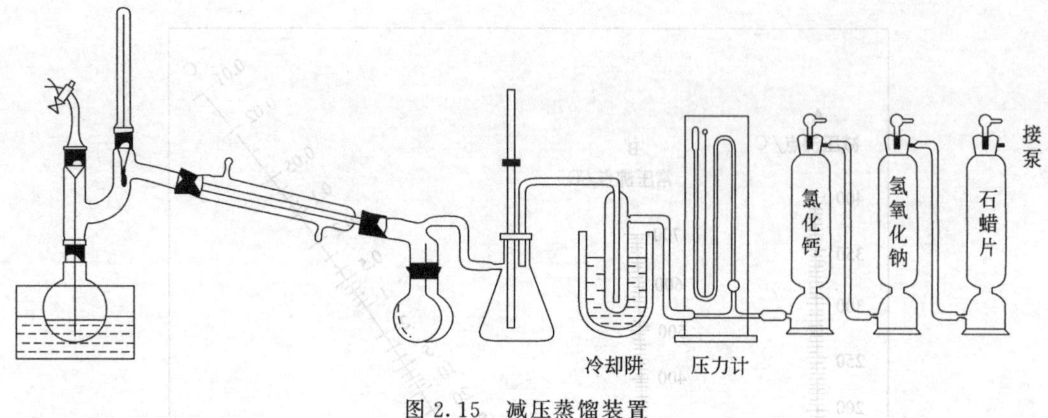

图 2.15 减压蒸馏装置

胶、无水氯化钙等吸收干燥塔，以避免低沸点溶剂，特别是酸和水汽进入油泵，从而降低泵的真空效能。在油泵减压蒸馏前必须在常压或水泵减压下蒸除所有低沸点液体和水以及酸、碱性气体[1]。测压部分采用测压计，常用的为汞压力计和数显压力表。

2. 操作方法

为使系统密闭性好，磨口仪器的所有接口部分都必须用真空油脂润涂好。仪器安装好后，先检查系统是否漏气，方法是：关闭毛细管，减压至压力稳定后，夹住连接系统的橡皮管，观察压力计水银柱或压力表读数是否变化，无变化说明不漏气，有变化即表示漏气。检查仪器不漏气后，加入待蒸的液体，量不要超过蒸馏瓶的一半，开动油泵，慢慢关闭安全瓶上的活塞，调节毛细管导入的空气量，以能冒出一连串小气泡为宜[2]。当压力稳定后，通冷凝水，开始加热。液体沸腾后，应注意控制温度，并观察沸点变化情况。待沸点稳定时，转动多尾接受器接受馏分，蒸馏速度以 0.5～1 滴/min 为宜[3]。蒸馏完毕，除去热源，慢慢旋开夹在毛细管上的橡皮管的螺旋夹，防止倒吸。待蒸馏瓶稍冷后再慢慢开启安全瓶上的活塞，使压力计慢慢恢复原状，平衡内外压力，然后才关闭抽气泵、冷凝水。

3. 乙酰乙酸乙酯的减压蒸馏

市售的乙酰乙酸乙酯中常含有少量的乙酸乙酯、乙酸和水，由于乙酰乙酸乙酯沸点为 180.4℃，常压下，在此温度下进行蒸馏，乙酰乙酸乙酯容易分解，故必须在减压下蒸馏提纯。

在 50mL 圆底烧瓶中，加入 20mL 乙酰乙酸乙酯，安装减压蒸馏装置进行减压蒸馏，收集 76～80℃/18mmHg（1mmHg=133Pa）馏分。

五、注意事项

［1］被蒸馏液体中若含有低沸点物质时，通常先进行普通蒸馏，再进行水泵减压蒸馏，最后进行用油泵减压蒸馏。

［2］装置停当后，先旋紧橡皮管上的螺旋夹，打开安全瓶上的二通活塞，使体系与大气相通，启动油泵（长时间未用的真空泵，启动前应先用手转动下皮带轮，能转动时再启动）抽气，逐渐关闭二通活塞至完全关闭，注意观察瓶内的鼓泡情况（如发现鼓泡

太剧烈，有冲料危险，立即将二通活塞旋开些），从压力计上观察体系内压力是否符合要求，然后小心旋开二通活塞，同时注意观察压力计上的读数，调节体系内压到所需值（根据沸点与压力关系）。

[3] 在系统充分抽空后通冷凝水，再加热（一般用油浴）蒸馏，一旦减压蒸馏开始，就应密切注意蒸馏情况，调整体系内压，经常记录压力和相应的沸点值，根据要求，收集不同馏分。

六、思考题

1. 在怎样的情况下才用减压蒸馏？
2. 使用油泵减压时，有哪些吸收和保护装置？其作用是什么？
3. 在进行减压蒸馏时，为什么用油浴加热，而不能用直接火加热？为什么进行减压蒸馏时须先抽气才能加热？
4. 当减压蒸完所要的化合物后，应如何停止减压蒸馏？为什么？

实验八　折射率的测定

由于介质的密度不同，光在两种不同介质中的传播速度也不同。当光线由一种介质进入到另一种介质，且传播方向与两种介质的界面不垂直时，光的传播方向在二者的界面处会发生改变（图 2.16），这种自然现象称为光的折射。

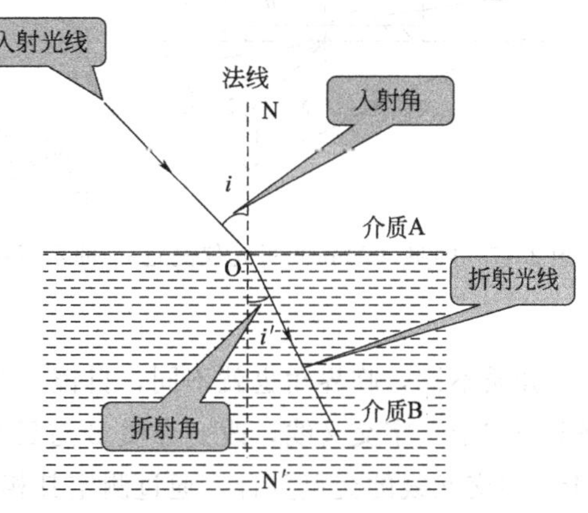

图 2.16　光的折射

根据折射定律，单一波长的光在特定条件下由一种介质进入另一种介质时，光的入射角与折射角的正弦之比是常数，这个常数被称为折射率，用“n”表示。

所以：
$$n=\frac{\sin i}{\sin r}$$

式中，n 为折射率；$\sin i$ 为光线入射角的正弦；$\sin r$ 为折射角的正弦。

一般，折射率是指光在空气中的传播速度与其他介质中的传播速度的比值。

物质的折射率不仅与物质的结构有关，还与温度、光的波长、压力等因素有关。通常折射率是在常压下测定，大气压的变化不明显，一般不考虑压力的影响。只有在精密测定时才考虑压力的影响；透光物质的温度升高，折射率变小；光线的波长越短，折射率越大。因此在表示某物质的折射率时，必须注明测定时的温度及光的波长，常用 n_D^t 表示，D是指以钠灯的 D 线（波长 5893Å）作光源，t 是测定时的温度。

折射率也是有机化合物重要的物理常数。利用折射率，可以鉴定未知化合物，检验物质的纯度。作为液体物质纯度的标准，折射率比沸点更为可靠。

一、实验目的

1. 了解阿贝折光仪的构造和折射率测定的基本原理。

2. 掌握用阿贝折光仪测定液态有机化合物折射率的方法。

二、基本原理

根据折射定律，入射角 i 和折射角 r 之间有下列关系：

当光线从介质 1 进入介质 2 时，$\dfrac{\sin i}{\sin r}=\dfrac{v_1}{v_2}=\dfrac{n_2}{n_1}=n_{1,2}$

式中，n_1，n_2，v_1，v_2 分别为介质 1，2 的折射率和光在其中的传播速度；$n_{1,2}$ 是介质 2 对于介质 1 的相对折射率。

折射率为物质的特性常数，对一定波长的光在一定温度压力下，是一个定值。由此可知，当 $n_2>n_1$ 时，则折射角 r 恒小于入射角 i。当入射角 i 增加到 90°时，折射角相应地增加到最大值 r_c，r_c 称为临界角。

当入射角 $i=90°$时，上式可写成：$n_2=n_1\sin r_c$

表明在固定一种介质时，临界折射角 r_c 的大小和折射率有简单的函数关系。所以，在一定波长与一定条件下，通过测定临界角 r_c，就可以得到折射率。这就是通常所用阿贝（Abbe）折光仪的基本光学原理。

为了测定 r_c 值，阿贝折光仪采用了“半明半暗”的方法，就是让单色光由 0°～90°的所有角度从介质 A 射入介质 B，这时介质 B 中临界角以内的整个区域均有光线通过，因而是明亮的；而临界角以外的全部区域没有光线通过，因而是暗的，明暗两区域的界线十分清楚。如果在介质 B 的上方用一目镜观测，就可看见一个界线十分清晰的半明半暗的图像（图 2.17）。

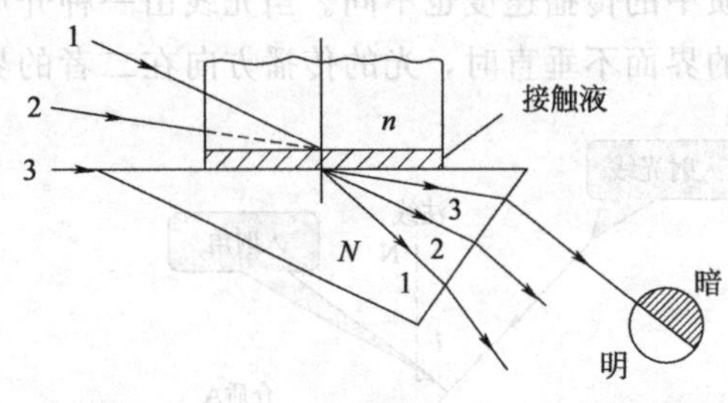

图 2.17 阿贝（Abbe）折光仪测定 r_c 的示意图

介质不同，临界角也就不同，目镜中明暗两区的界线位置也不一样。如果在目镜中刻上一“十”字交叉线，改变介质 B 与目镜的相对位置，使每次明暗两区的界线总是与“十”字交叉线的交点重合，通过测定其相对位置（角度）并经换算，便可得到折射率。而阿贝折光仪的标尺上所刻的读数即是换算后的折射率，故可直接读出。同时阿贝折光仪有消色散装置，故可直接使用日光，其测得的数字与钠光线所测得的一样。这些都是阿贝折光仪的优点所在。

阿贝折光仪（图 2.18）的使用方法：先使折光仪与恒温槽相连接，恒温后，分开直角棱镜，用丝绢或擦镜纸沾少量乙醇或丙酮轻轻擦洗上下镜面。待乙醇或丙酮挥发后，加一滴蒸馏水于下面镜面上，关闭棱镜，调节反光镜使镜内视场明亮。

转动棱镜直到镜内观察到有界线或出现彩色光带；若出现彩色光带，则调节色散，使明暗界线清晰，再转动直角棱镜使界线恰巧通过“十”字的交点。记录读数与温度，

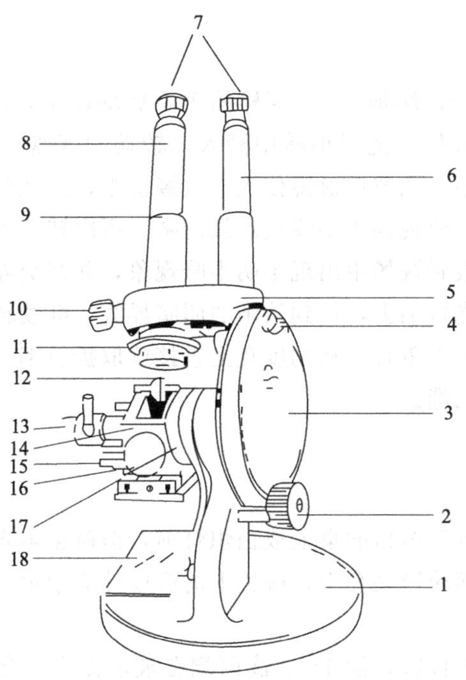

图 2.18　WZS-1 型阿贝折光仪

1—底座；2—棱镜转动手轮；3—圆盘组（内有刻度板）；4—小反光镜；5—支架；6—读数镜筒；7—目镜；8—望远镜筒；9—示值调节螺钉；10—阿米西棱镜手轮；11—色散值刻度圈；12—棱镜锁紧扳手；13—温度计座；14—棱镜组；15—恒温器接头；16—保护罩；17—主轴；18—反光镜

重复两次测得纯水的平均折射率与纯水的标准值（$n_D^{20}=1.33299$）比较，可求得折光仪的校正值，然后以同样方法测求待测液体样品的折射率。校正值一般很小，若数值太大时，整个仪器必须重新校正。

三、药品和仪器

药品：乙醇，丙酮，乙酸乙酯。

仪器：阿贝折光仪。

四、实验步骤

1. 用重蒸蒸馏水校正[1, 2]

打开棱镜，滴 1 滴蒸馏水于下面镜面上[3]，在保持下面镜面水平情况下关闭棱镜，转动刻度盘罩外手柄（棱镜被转动），使刻度盘上的读数等于蒸馏水的折射率（$n_D^{20}=1.33299$，$n_D^{25}=1.3325$）调节反射镜使入射光进入棱镜组，并从测量望远镜中观察，使视场最明亮，调节测量镜（目镜），使视场十字线交点最清晰。转动消色调节器，消除色散，得到清晰的明暗界线，然后用仪器附带的小旋棒旋动位于镜筒外壁中部的调节螺丝，使明暗线对准十字交点，校正即完毕。

2. 样品测定

用丙酮清洗镜面后[4]，滴加 1～2 滴样品于毛玻璃面上，闭合两棱镜，旋紧锁钮。如样品易挥发，可用滴管从棱镜间小槽中滴入。转动刻度盘罩外手柄（棱镜被转动），使刻度盘上的读数为最小，调节反射镜使光进入棱镜组，并从测量望远镜中观察，使视场最明亮，再调节目镜，使视场十字线交点最清晰。再次转动罩外手柄，使刻度盘上的读数逐渐增大，直到观察到视场中出现半明半暗现象，并在交界处有彩色光带，这时转动消色散手柄，使彩色光带消失，得到清晰的明暗界线，继续转动罩外手柄使明暗界线正好与目镜中的十字线交点重合。从刻度盘上直接读取折射率[5～7]。

样品：乙醇，乙酸乙酯。

五、注意事项

[1] 将阿贝折光仪置于窗口的桌上或白炽灯前，但避免阳光直射，用超级恒温槽通入所需温度的恒温水于两棱镜夹套中，棱镜上的温度计应指示所需温度，否则应重新调节恒温槽的温度。

[2] 松开锁钮，打开棱镜，滴 1～2 滴丙酮在玻璃面上，合上两棱镜，待镜面全部被丙酮湿润后再打开，用擦镜纸轻擦干净。

[3] 要特别注意保护棱镜镜面，滴加液体时防止滴管口划到镜面。

[4] 每次擦拭镜面时，只许用擦镜头纸轻擦，测试完毕，也要用丙酮洗净镜面，待干燥后才能合拢棱镜。

[5] 不能测量带有酸性、碱性或腐蚀性的液体。

[6] 测量完毕，拆下连接恒温槽的胶皮管，棱镜夹套内的水要排尽。

[7] 若无恒温槽，所得数据要加以修正，通常温度升高 1℃，液态化合物折射率降低 3.5×10^{-4}～5.5×10^{-4}。

实验九 旋光度的测定

当平面偏振光通过有光学活性物质（如具有不对称碳原子的化合物）的液态或溶液时，偏振光的振动平面会向左或向右旋转，引起旋光现象。偏振平面旋转的度数称为旋光度，用“α”表示。旋光度有右旋、左旋之分，偏振光向右旋转（顺时针方向）称为“右旋”，用符号“+”表示；偏振光向左旋转（逆时针方向）称为“左旋”，用符号“−”表示。

旋光物质的旋光度主要取决于物质本身的结构，但光线透过物质的厚度，测量时所用光的波长和温度也与测得的旋光度有关。此外，如果被测物质是溶液，溶液的浓度、溶剂也有一定的影响。因此，旋光物质的旋光度在不同的条件下，测定结果通常不一样。为了使旋光度的测量能够标准化，人们引入了比旋光度（specific rotation）这一概念。偏振光透过长 1dm，且每 1mL 中含有旋光性物质 1g 的溶液，在一定波长（λ）与温度（t）下，测得的旋光度称为比旋光度，用“α_{λ}^{t}”表示。比旋光度是旋光物质的重要物理常数。

温度升高会使旋光管膨胀而长度加长，从而导致待测液体的密度降低；温度变化还会使待测物质分子间发生缔合或离解，使旋光度发生改变。不同物质的温度系数不同，一般在（−0.04～−0.01）$\times 10^{-6}$℃$^{-1}$（ppm·℃$^{-1}$）之间。为此在实验测定时必须恒温，旋光管上装有恒温夹套，与超级恒温槽连接。

在一定的实验条件下，通常将比旋光度作为常数，可将旋光物质的旋光度与浓度视为成正比。而旋光度和溶液浓度之间并不是严格地呈线性关系，因此严格讲比旋光度并非常数。旋光度与旋光管的长度成正比，旋光管通常有 10cm、20cm、22cm 三种规格，经常使用的是 10cm 长度的。对旋光能力较弱或者较稀的溶液，为提高准确度，降低读数的相对误差，需用 20cm 或 22cm 长度的旋光管。

测定旋光度可以用来区别特定旋光异构体（尤其是药物）或检查其纯度，也可用来测定相关含量。

一、实验目的

1. 了解旋光仪的构造。
2. 掌握使用旋光仪来测定物质的旋光度的方法。
3. 学习比旋光度的计算。

二、实验原理

1. 对映异构体

立体异构体中，具有相同分子式、相同的构造式、互为镜像且不重合的分子之间互为对映异构体。它们大多数物化性质（如熔点、沸点、溶解度等）相同，但旋光性不同，在不对称反应中的反应活性也不同。

2. 旋光仪

旋光仪是测定物质旋光度的仪器，主要由光源、起偏器、样品管、检偏器组成，原理见图 2.19。光源一般采用钠灯，钠灯所发出的 D 线（波长 5893Å）经起偏器后成为平面偏振光，经样品管，转动与刻度盘连在一起的检偏器，通过物镜、目镜观察偏振光的旋转角度，即旋光度。

测定时，常采用半荫法，即在视野中分出三分视场，见图 2.20。转动检偏器，可以观察各视场的不同明暗度。转动到某一位置，观察到视野全部明亮，各视场的亮度相同，则这一位置便应是标尺的零度，对应的视场是零点视场。

当装满被测液的样品管放入后，若样品有旋光性，平面偏振光就会旋转一个角度，致使视场发生变化，偏离零点视场。调节检偏器的角度，直到再次观察到亮度一致的视场，此时转动的角度就是被测样品的旋光度。

3. 比旋光度

测得旋光度后，根据比旋光度的定义，就可求出物质的比旋光度。或者根据物质的

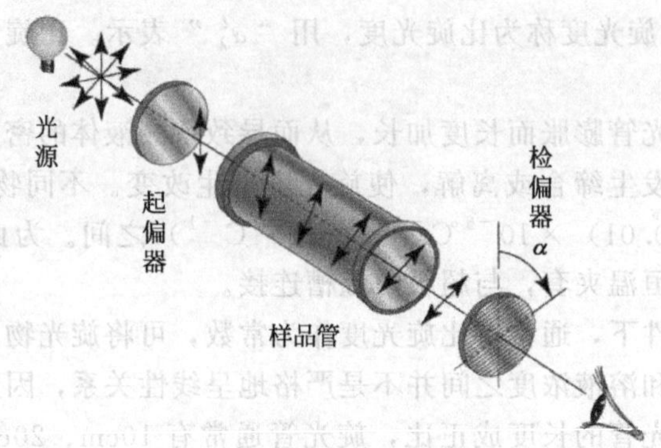

图 2.19　旋光仪工作原理

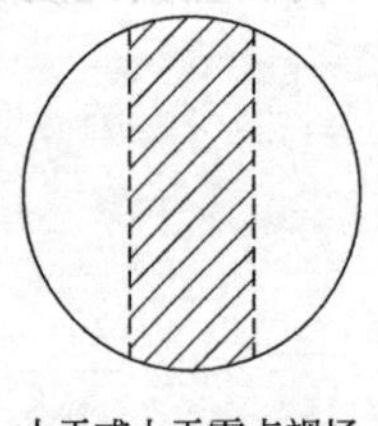

小于或大于零点视场

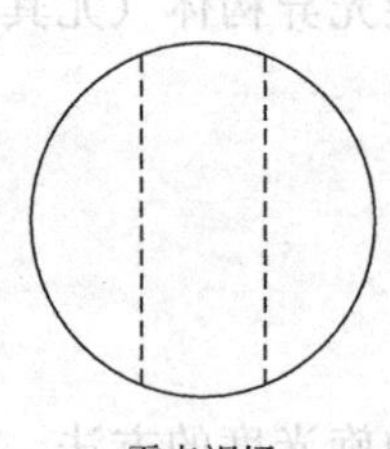

零点视场

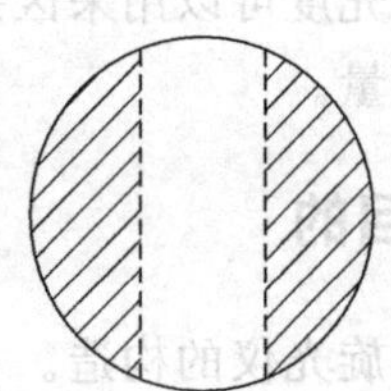

小于或大于零点视场

图 2.20　目镜中的视野

比旋光度，就能确定该物质的纯度和含量。

比旋光度的定义式：　　$[\alpha]_{\lambda}^{t}=\frac{\alpha}{cl}$

式中　$[\alpha]_{\lambda}^{t}$——旋光性物质在温度为 t，光源的波长为 λ 时的比旋光度；

λ——测定时光的波长，一般采用钠光（波长为 589nm，用 D 表示）；

t——测定时温度；

l——盛液管的长度（以 dm 为单位）；

c——浓度（单位：g/mL，也用 100mL 溶液中所含样品的克数表示）；

α——旋光仪中读数（即旋光度）。

三、药品和仪器

药品：葡萄糖。

仪器：旋光仪。

四、实验步骤

1. 旋光仪零点的校正

① 将旋光仪接于 220V 交流电源。开启电源预热，使钠光灯正常发光。

② 在旋光仪未放试管时，观察零度时视场亮度是否一致。

③ 样品管用蒸馏水洗 2~3 次，再装满蒸馏水（不要有气泡）。将样品管盖好、旋

紧[1]，擦干样品管两头的水，放入旋光仪内。

④ 观察视场亮度是否有变化。如不一致，说明有零位误差，需调零。

重复②、③、④操作几次。

2. 旋光度的测定

① 配制 10g/100mL 的葡萄糖水溶液[2]。

② 样品管用配好的溶液润洗 2～3 次[3]，注满待测试液，装上橡皮圈，旋上螺帽，直至不漏液为止。然后将试管两头残余溶液揩干（以免影响观察清晰度及测定精度），放入旋光仪内[4]。

③ 转动检偏镜，在视场中觅得亮度一致的位置，调到零点视场，记下读数。

重复操作五次，取其平均值。

五、注意事项

[1] 样品管内不得有气泡，螺帽不宜旋得太紧，否则护片玻璃会引起应力，影响读数正确性。

[2] 试样溶液要配制准确，否则影响结果。

[3] 测旋光度前要用所测试液洗管 2～3 次。

[4] 每次测要记下样品管的长度和温度。旋光度和温度也有关系，对大多数物质，用 $\lambda=5893\text{Å}$（钠光）测定，当温度升高 1℃时，旋光度约减少 0.3%。对于要求较高的测定工作，最好能在 20℃±2℃的条件下进行。

实验十　薄层色谱和柱色谱

色谱法是分离、纯化和鉴定有机化合物的重要方法之一，早期用此法来分离有色物质时，往往得到颜色不同的色层，色谱一词由此得名。但现在被分离的物质不管是否有色，都能适用，因此，色谱一词早已超出原来的含义。

色谱法的基本原理是利用混合物中各组分在某一物质中的吸附或溶解性能的不同或其他亲和作用性能的差异，使混合物的溶液流经该种物质，进行反复的吸附或分配等作用，从而将各组分分开。流动的混合物称为流动相，固定不流动的称为固定相（可以是固体或液体）。根据组分在固定相中的作用原理不同，可分为吸附色谱、分配色谱、离子交换色谱、排阻色谱等；根据操作条件的不同，又可分为柱色谱、纸色谱、薄层色谱、气相色谱及高效液相色谱等类型。下面分别介绍在有机实验中常用到的薄层色谱和柱色谱。

1. 薄层色谱

薄层色谱（thin layer chromatography）常用 TLC 表示，是一种微量、快速而简单的色谱法。它兼备了柱色谱和纸色谱的优点。一方面适用于小量样品（几到几十微克，甚至 0.01μg）的分离；另一方面若在制作薄层板时，把吸附层加厚，将样品点成一条线，则可分离多达 500mg 的样品。此法特别适用于挥发性较小或在较高温度易发生变化而不能用气相色谱分析的物质。

薄层色谱常用的有吸附色谱和分配色谱两类。一般能用硅胶和氧化铝薄层色谱分开的物质，也能用硅胶或氧化铝柱色谱分开；凡能用硅藻土和纤维素作支持剂的分配柱色谱能分开的物质，也可分别用硅藻土和纤维素薄层色谱展开，因此薄层色谱常用作柱色谱的先导。

薄层色谱是在洗涤干净的玻璃板（10cm×3cm）上均匀地涂一层吸附剂或支持剂，待干燥、活化后将样品溶液用管口平整的毛细管滴加于离薄层板一端约 1cm 处的起点线上，晾干或吹干后置薄层板于盛有展开剂的展开槽内，浸入深度约为 0.5cm。待展开剂前沿离顶端约 1cm 附近时，将薄层板取出，干燥后喷以显色剂，或在紫外灯下显色。

记录原点至主斑点中心及展开剂前沿的距离，计算比移值（R_f）：

$$R_f=\frac{\text{溶质的最高浓度中心至原点中心的距离}}{\text{溶剂前沿至原点中心的距离}}$$

（1）薄层色谱用的吸附剂和支持剂

薄层吸附色谱的吸附剂最常用的是氧化铝和硅胶，薄层分配色谱的支持剂为硅藻土和纤维素。

硅胶是无定形多孔性物质，略具酸性，适用于酸性物质的分离和分析。薄层色谱用的硅胶分为“硅胶 H”——不含黏合剂；“硅胶 G”——含煅石膏黏合剂；“硅胶 HF_{254}”——含荧光物质，可用于波长 254nm 紫外线下观察荧光；“硅胶 GF_{254}”——既含煅石膏又含荧光剂等类型。

与硅胶相似，氧化铝也因含黏合剂或荧光剂而分为氧化铝 G、氧化铝 GF_{254} 及氧化铝 HF_{254}。

黏合剂除上述的煅石膏（$2CaSO_4 \cdot H_2O$）外，还可用淀粉、羧甲基纤维素钠。通常将薄层板按加黏合剂和不加黏合剂分为两种，加黏合剂的薄层板称为硬板，不加黏合剂的称为软板。

薄层吸附色谱和柱吸附色谱一样，化合物的吸附能力与它们的极性成正比，具有较大极性的化合物吸附较强，R_f 值较小。因此利用化合物极性的不同，用硅胶或氧化铝薄层色谱可将一些结构相近或顺、反异构体分开。

（2）薄层板的制备

薄层板有多种制备方法，适合于教学实验的是一种简易平铺法。取 3g 硅胶 G 与 6～7mL 0.5%～1%的羧甲基纤维素的水溶液在烧杯中调成糊状物，铺在清洁干燥的载玻片上，用手轻轻在载玻板上来回摇振，使表面均匀平滑，室温晾干后进行活化。3g 硅胶大约可铺 7.5cm×2.5cm 载玻片 5～6 块。

（3）薄层板的活化

把涂好的薄层板置于室温晾干后，放在烘箱内加热活化，活化条件根据需要而定。硅胶板一般在烘箱中渐渐升温，维持 105～110℃活化 30min。氧化铝板在 200℃烘 4h 可得活性Ⅱ级的薄层板，150～160℃烘 4h，可得活性Ⅲ～Ⅳ级的薄层板。薄层板的活性与含水量有关，其活性随含水量的增加而下降。薄层板的活性可通过一定方法测定。

（4）点样

通常将样品用低沸点溶剂（丙酮、甲醇、乙醇、氯仿、苯、乙醚和四氯化碳）配成1%溶液，用内径小于1mm管口平整的毛细管点样。点样前，先用铅笔在薄层板上距一端1cm处轻轻画一横线作为起始线（注意不要划破硅胶层），然后用毛细管吸取样品，在起始线上小心点样，斑点直径一般不超过2mm，因溶液太稀，一次点样往往不够，如需重复点样，则应等前次点样的溶剂挥发后方可重点，以防样点过大，造成拖尾、扩散等现象，影响分离效果。若在同一板上点几个样，样点间距应为5～6mm。点样结束待样点干燥后，方可进行展开。点样要轻，不可刺破硅胶层。

在薄层色谱中，样品的用量对物质的分离效果有很大影响，所需样品的量与显色剂的灵敏度、吸附剂的种类、薄层厚度均有关系。样品太少时，斑点不清楚，难以观察，样品量太多时往往出现斑点太大或拖尾现象，以致不容易分开。

（5）展开剂

薄层色谱展开剂的选择和柱色谱一样，主要根据样品的极性、溶解度和吸附剂的活性等因素来考虑。凡溶剂的极性越大，则对非极性化合物的洗脱力也越大，也就是说R_f值也越大（如果样品在溶剂中有一定溶解度）。薄层色谱用的展开剂绝大多数是有机溶剂。薄层色谱的展开，需要在密闭容器中进行。为使溶剂蒸气迅速达到平衡，可在展开槽内衬一滤纸。常用的展开槽有：长方形盒式和广口瓶式，展开方式有下列几种：

上升法：用于含黏合剂的色谱板，将色谱板垂直于盛有展开剂的容器中。

倾斜上升法：色谱板倾斜15°角，适用于无黏合剂的软板；含有黏合剂的色谱板可以倾斜45°～60°角。

下降法：展开剂放在圆底烧瓶中，用滤纸或纱布等将展开剂吸到薄层板的上端，使展开剂沿板下行，这种连续展开的方法适用于R_f值小的化合物。

双向色谱法：使用方形玻璃板铺制薄层，样品点在角上，先向一个方向展开。然后转动90°角的位置，再换另一种展开剂展开。这样，成分复杂的混合物可以得到较好的分离效果。

（6）显色

凡可用于纸色谱的显色剂都可用于薄层色谱。薄层色谱还可使用腐蚀性的显色剂如浓硫酸、浓盐酸和浓磷酸等。对于含有荧光剂（硫化锌镉、硅酸锌、荧光黄）的薄层板在紫外线下观察，展开后的有机化合物在亮的荧光背景上呈暗色斑点。大部分有机物可用碘斑点试验法来使薄层色谱斑点显色，这种方法是将几粒碘置于密闭容器中，待容器充满碘的蒸气后，将展开后的色谱板放入，碘与展开后的有机化合物可逆地结合，在几秒钟到数秒钟内化合物斑点的位置呈黄棕色。当色谱板上仍含有溶剂时，由于碘蒸气亦能与溶剂结合，致使色谱板显淡棕色，而展开后的有机化合物则呈现较暗的斑点。色谱板自容器内取出后，呈现的斑点一般在2～3s消失。因此必须立即用铅笔标出化合物的位置。

2. 柱色谱

柱色谱（柱上层析）常用的有吸附柱色谱和分配柱色谱两类。前者常用氧化铝和硅胶作固定相；后者以硅胶、硅藻土和纤维素作为载体，以吸收较大量的液体作固定相，而载体本身不起分离作用。

吸附柱色谱通常在玻璃管中填入表面积很大、经过活化的多孔性或粉状固体吸附剂。当待分离的混合物溶液流经吸附柱时，各种溶质组分同时被吸附在柱的上端。当洗脱剂流下时，由于不同化合物吸附能力不同，往下洗脱的速度也不同，于是形成了不同层次。若溶质组分在柱上显颜色，则各种溶质在柱中自上而下按对吸附剂亲和力大小分别形成若干色带，再用溶剂洗脱时，已经分开的溶质可以从柱上分别洗出收集，或者将柱吸干，挤出后按色带分割开，再用溶剂将各色带中的溶质萃取出来。对于柱上不显色的化合物分离时，可用紫外线照射后所呈现的荧光来检查，或在用溶剂洗脱时，分别收集洗脱液，逐个加以鉴定。

(1) 吸附剂

常用的吸附剂有氧化铝、硅胶、氧化镁、碳酸钙和活性炭等。吸附剂一般要经过纯化和活性处理，颗粒大小应当均匀。对吸附剂来说粒子小、表面积大，吸附能力就高，但是颗粒小时，溶剂的流速就太慢，因此应根据实际分离需要而定。供柱色谱使用的氧化铝有酸性、中性和碱性3种。酸性氧化铝是用1%盐酸浸泡后，用蒸馏水洗至氧化铝的悬浮液pH为4，用于分离酸性物质；中性氧化铝的pH约为7.5，用于分离中性物质；碱性氧化铝的pH约为10，用于胺或其他碱性化合物的分离。

大多数吸附剂都能强烈地吸水，而且水分易被其他化合物置换，致使吸附剂的活性降低，通常用加热方法使吸附剂活化。氧化铝随着表面含水量的不同而分成各种活性等级。活性等级的测定一般采用勃劳克曼（Brockmann）标准测定法，根据氧化铝对有机染料吸附能力大小分成五个等级。

(2) 溶质的结构与吸附能力的关系

化合物的吸附性与它们的极性成正比，化合物分子中含有极性较大的基团时，吸附性也较强，氧化铝对各种化合物的吸附性按以下次序递减：

酸和碱、醇、胺、硫醇、酯、醛、酮、芳香族化合物、卤代物、醚、烯、饱和烃。

(3) 溶剂

溶剂的选择是重要的一环，通常根据被分离物中各种成分的极性、溶解度和吸附剂的活性等来考虑。先将要分离的样品溶于尽量少的、极性较低的溶剂中；如样品在极性低的溶剂中溶解度很小，则可加入少量（使溶液体积不致太大）极性较大的溶剂。洗脱时，首先使用极性较小的溶剂，使最容易脱附的组分分离。然后加入不同比例的极性溶剂配成的洗脱剂，将极性较大的化合物自色谱柱中洗脱下来。

常用洗脱剂的极性按如下次序递增：

己烷和石油醚、环己烷、四氯化碳、三氯乙烯、二硫化碳、甲苯、苯、二氯甲烷、氯仿、乙醚、乙酸乙酯、丙酮、丙醇、乙醇、甲醇、水、吡啶、乙酸。

所用溶剂必须纯粹和干燥，否则会影响吸附剂的活性和分离效果。吸附柱色谱的分离效果不仅依赖于吸附剂和洗脱溶剂的选择，而且与制成的色谱柱有关：要求柱中的吸附剂用量为被分离样品量的30～40倍，若需要时可增至100倍；柱高和直径之比一般是75∶1。装柱可采用湿法和干法两种，装柱具体方法见本节实验，无论采用哪种方法装柱，都不要使吸附剂有裂缝或气泡，否则影响分离效果，一般说来湿法装柱较干法紧密均匀。

一、实验目的

1. 了解薄层色谱和柱色谱的基本原理。

2. 学习用薄层色谱和柱色谱分离、纯化有机化合物的技术。

二、实验原理

本实验用薄层色谱分离偶氮苯与苏丹红Ⅲ，用柱色谱分离硝基苯胺的邻位与对位的异构体。

偶氮苯与苏丹红Ⅲ的结构式如下：

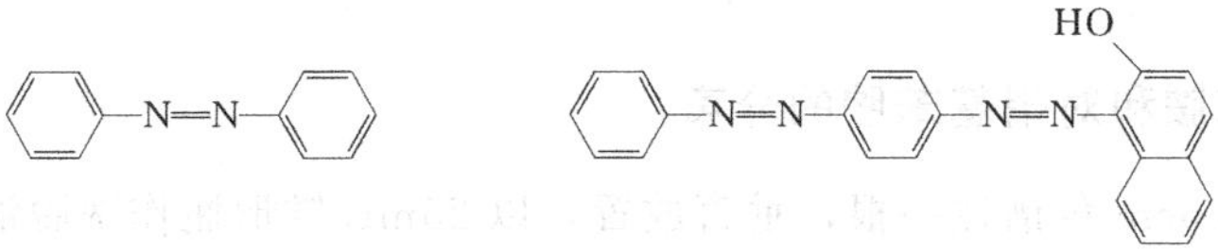

偶氮苯　　苏丹红Ⅲ

苏丹红Ⅲ中有极性基团—OH，极性比偶氮苯大，吸附能力也大，所以可利用薄层色谱分离这两种物质。

硝基苯胺由于苯环上硝基与氨基的位置不同，致使其邻对位异构体的极性不同。邻硝基苯胺的偶极矩为 4.45 D，而对硝基苯胺的偶极矩为 7.1 D。这是因为邻硝基苯胺可形成分子内氢键，使其极性小于对硝基苯胺。而对硝基苯胺可与吸附剂形成氢键，所以可以采用吸附柱色谱分离邻硝基苯胺和对硝基苯胺的混合物。

三、药品和仪器

药品：1%偶氮苯的乙酸乙酯溶液，1%苏丹红Ⅲ的乙酸乙酯溶液，1%的羧甲基纤维素钠（CMC）水溶液，硅胶 G，4∶1 的石油醚-乙酸乙酯，中性氧化铝，3mL 邻硝基苯胺和对硝基苯胺的混合液。

仪器：载玻片，广口瓶，色谱柱，漏斗，烧杯，水泵，熔点仪。

四、实验步骤

1. 偶氮苯和苏丹红Ⅲ的分离

（1）薄层板的制备

取 7.5cm×2.5cm 左右的载玻片 5 片，洗净晾干。

在 50mL 烧杯中，放置 3g 硅胶 G，逐渐加入 0.5%羧甲基纤维素钠（CMC）水溶液 8mL，调成均匀的糊状，用滴管吸取此糊状物，涂于上述洁净的载玻片上，用手将带浆的玻片在玻璃板或水平的桌面上做上下轻微的颠动，并不时转动方向，制成薄厚均匀、表面光洁平整的薄层板[1]，涂好硅胶 G 的薄层板置于水平的玻璃板上，在室温放置 0.5h 后，放入烘箱中，缓慢升温至 110℃，恒温 0.5h，取出，稍冷后置于干燥器中备用。

（2）点样

取 2 块用上述方法制好的薄层板。分别在距一端 1cm 处用铅笔轻轻画一横线作为起始线。取管口平整的毛细管插入样品溶液中，在一块板的起点线上点1%的偶氮苯的乙酸乙酯溶液和混合液两个样点[2]。在第二块板的起点线上点1%的苏丹红Ⅲ乙酸乙酯溶液和混合液两个样点，样点间相距5～6mm。如果样点的颜色较浅，可重复点样，重复点样前必须待前次样点干燥后进行。样点直径不应超过2mm。

(3) 展开

用4∶1的石油醚-乙酸乙酯为展开剂，待样点干燥后，小心放入已加入展开剂的250mL广口瓶中进行展开。瓶的内壁贴一张高5cm、环绕周长约4/5的滤纸，下面浸入展开剂中，以使容器内被展开剂蒸气饱和。点样一端应浸入展开剂0.5cm，盖好瓶塞，观察展开剂前沿上升至离板的上端1cm处取出，尽快用铅笔在展开剂上升的前沿处划一记号，晾干后观察分离的情况，比较二者 R_f 值的大小。

2. 邻硝基苯胺和对硝基苯胺的分离

取15cm×1.5cm色谱柱一根，垂直放置，以25mL锥形瓶作洗脱液的接受器。

如果采用装置图2.21(a)的色谱柱进行实验时，按照下面的方法进行装柱。

用镊子取少许脱脂棉（或玻璃毛）放于干净的色谱柱底部，轻轻塞紧，再在脱脂棉上盖一层厚0.5cm的石英砂（或用一张比柱内径略小的滤纸代替），关闭活塞，向柱中倒入石油醚至约为柱高的3/4处，打开活塞，控制流出速度为每秒1滴。此时从柱上端通过干燥的玻璃漏斗慢慢加入色谱用中性氧化铝，或将石油醚与中性氧化铝先调成糊状，再徐徐倒入柱中。用木棒或带橡皮塞的玻璃棒轻轻敲打柱身下部，使填装紧密[3]，当装柱至3/4时，再在上面加一层0.5cm厚的石英砂[4]。操作时一直保持上述流速，注意不能使液面低于砂子的上层。

如果采用装置图2.21(b)的色谱柱进行实验时，可以有两种装法：

① 干法装柱：用干燥的固体加料漏斗，置于色谱柱上方，将吸附剂——中性 Al_2O_3 倒入漏斗中，边倒边敲打色谱柱，使得吸附剂填充均匀。达到一定高度后，轻轻敲打色谱柱上口，使柱内吸附剂表面平整。然后将色谱柱下口连接水泵，开泵，打开旋塞，抽去吸附剂间的空气，加入一层石英砂（约0.5cm）。在色谱柱上口处，用洗瓶沿柱壁加入洗脱剂中极性最小的一种洗脱剂，进行进一步排气[5]（同时可在色谱柱顶端用三通阀和双联球，对柱子进行加压，加速排气）。当洗脱剂达到色谱柱砂板处，关闭旋塞，拔掉真空管，关闭水泵。打开色谱柱旋塞，让洗脱剂继续流出，直至洗脱剂与吸附剂表面平齐（如进行加压排气，需同时慢慢打开三通阀通大气，动作要慢，以防内外压力不平衡导致吸附剂断层）。

② 湿法装柱：将吸附剂——中性 Al_2O_3 用洗脱剂中极性最低的洗脱剂调成糊状，在柱内先加入约3/4柱高的洗脱剂，再将调好的吸附剂边敲打边倒入柱中，同时，打开旋塞，在色谱柱下面放一个干净并且干燥的锥形瓶，接收洗脱剂，控制流出速度为每秒1滴。当装入的吸附剂有一定高度时，洗脱剂下流速度变慢，待所用吸附剂全部装完后，用流下来待洗脱剂转移残留的吸附剂，并将柱内壁残留的吸附剂淋洗下来。此过程要不断地敲打色谱柱，以使色谱柱填充均匀没有气泡。柱子填充完后，上面覆盖一层石英砂（约0.5cm）。

当石油醚的液面恰好降至氧化铝上端的表面上时，立即用滴管沿柱壁[6]加入3mL邻硝基苯胺和对硝基苯胺混合液[7]。当溶液液面降至氧化铝上端表面时，用滴管滴入石

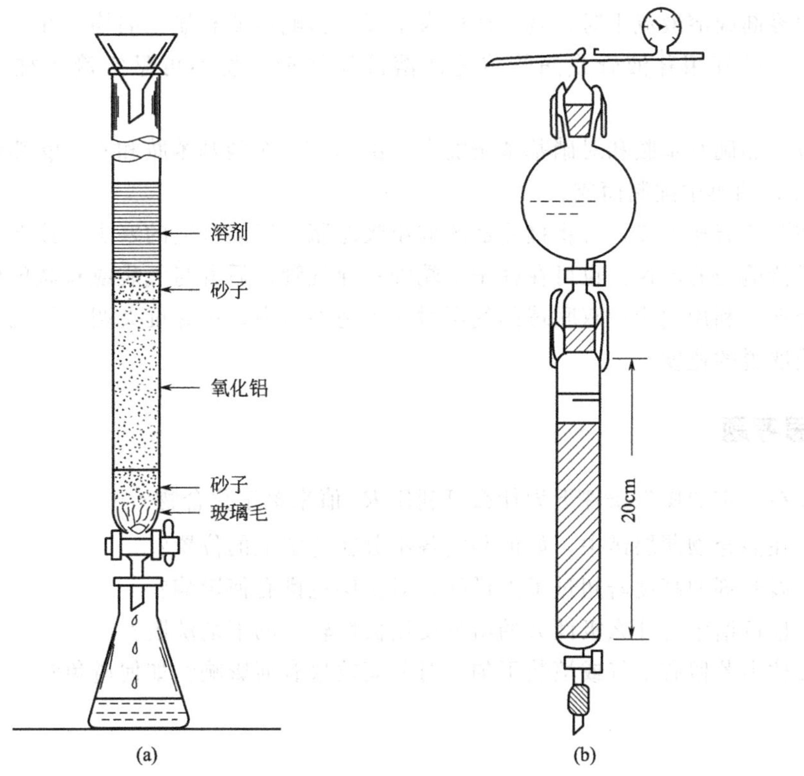

图 2.21　柱色谱装置

油醚洗去黏附在柱壁上的混合物。然后在色谱柱上装置储液球，用石油醚-乙酸乙酯（体积比 4∶1）淋洗，控制流出速度如前[8]，直至观察到色层带的形成和分离。当黄色邻硝基苯胺色层带到达柱底时，立即更换另一接受器，收集全部此色层带。然后改用石油醚-乙酸乙酯（体积比 1∶1）为洗脱剂，并收集淡黄色对硝基苯胺色层带。

将收集的邻硝基苯胺的石油醚-乙酸乙酯溶液和对硝基苯胺的石油醚-乙酸乙酯溶液分别用旋蒸除去溶剂，冷却结晶，干燥后测定熔点。邻硝基苯胺的熔点为 71～71.5℃；对硝基苯胺的熔点为 147～148℃。

五、注意事项

［1］制板时要求薄层平滑均匀。为此，宜将吸附剂调得稍稀些，尤其是制硅胶板时，更是如此。否则，吸附剂调得很稠，就很难做到均匀。

［2］点样用的毛细管必须专用，不得弄混。点样时，使毛细管液面刚好接触到薄层即可，切勿点样过重而使薄层破坏。

［3］色谱柱填装紧密与否，对分离效果很有影响。若柱中留有气泡或各部分松紧不均（更不能有断层或暗沟）时，会影响渗滤速度和显色的均匀。但如果填装时过分敲击，又会因太紧密而流速太慢。

［4］加入石英砂的目的是：防止在加料时吸附剂被冲起，影响分离效果。若无石英砂也可用玻璃毛或剪成比柱子内径略小的滤纸压在吸附剂上面。

［5］为了保持色谱柱的均一性，使整个吸附剂浸泡在溶剂或溶液中是必要的。否则

当柱中溶剂或溶液流干时，就会使柱身干裂，影响渗滤和显色的均一性。

[6] 最好用移液管或滴管将分离溶液靠柱壁（切不可悬空滴入柱中!!）转移至柱中。

[7] 邻硝基苯胺和对硝基苯胺混合液由 0.55g 对硝基苯胺和 0.70g 邻硝基苯胺溶于 100mL 石油醚中配制而成。

[8] 若流速太慢，可将接受器改成小吸滤瓶，安装合适的塞子，接上水泵，用水泵减压保持适当的流速。也可在柱子上端安一导气管，后者与气袋或双联球相连，中间加一螺旋夹。利用气袋或双联球的气压对柱子施加压力。用螺旋夹调节气流的大小，这样可加快洗脱的速度。

六、思考题

1. 在一定的操作条件下为什么可利用 R_f 值来鉴定化合物？
2. 在混合物薄层谱中，如何判定各组分在薄层上的位置？
3. 展开剂的高度若超过了点样线，对薄层色谱有何影响？
4. 柱色谱中为什么极性大的组分要用极性较大的溶剂洗脱？
5. 柱中若留有空气或填装不匀，对分离效果有何影响？如何避免？

第3章 基础实验

3.1 烷烃的制备

碳氢化合物的主要来源是天然气（natural gas）和石油（petroleum）。尽管各地的天然气组分不同，但几乎都含有75%的甲烷、15%的乙烷及5%的丙烷，其余的为较高级的烷烃。而含烷烃种类最多的是石油，石油中含有1至50个碳原子的链形烷烃及一些环状烷烃，其中以环戊烷、环己烷及其衍生物为主，个别产地的石油中还含有芳香烃。我国各地产的石油，成分也不相同，但可根据需要，把它们分馏成不同的馏分加以应用。烷烃不仅是燃料 的重要来源，而且也是现代化学工业的原料。另外，烷烃还可以作为某些细菌的食物，细菌食用烷烃后，分泌出许多很有用的化合物，也就是说烷烃经过细菌的"加工"后，可成为更有用的化合物。

在实验室中，可以通过烯烃或炔烃的催化氢化反应、格氏试剂水解、卤代烃的还原、卤代烃与二烷基铜锂反应、武兹反应来制备烷烃。

实验十一 正癸烷和十二烷的制备

一、实验目的

1. 熟悉以氰基硼氢化钠还原卤代烷和甲苯磺酸酯以制备烃类反应的原理。
2. 掌握正癸烷和十二烷的制备方法。

二、实验原理

$$CH_3(CH_2)_8CH_2I \xrightarrow[\text{HMPA}]{\text{NaBH}_3\text{CN}} CH_3(CH_2)_8CH_3$$

$$CH_3(CH_2)_{10}CH_2OTs \xrightarrow[HMPA]{NaBH_3CN} CH_3(CH_2)_{10}CH_3$$

三、药品和仪器

药品：75mL 六甲基磷酰胺（HMPA），2.7g 1-碘癸烷，6.80g 甲苯磺酸正十二烷酯，5.02g 氰基硼氢化钠，乙醚，己烷。

仪器：100mL 和 200mL 三口烧瓶，搅拌器，回流冷凝管，温度计，干燥管，分液漏斗，锥形瓶，旋转蒸发仪，韦氏分馏柱，短程减压蒸馏装置。

四、实验步骤

1. 从 1-碘癸烷制备正癸烷

在装有搅拌器、带干燥管的回流冷凝管和温度计的 100mL 三口烧瓶中，加入 25mL 六甲基磷酰胺（HMPA），2.7g 1-碘癸烷[1] 和 0.943g 氰基硼氢化钠，在 70℃下搅拌 2h，然后用 25mL 水稀释。稀释后的溶液用乙醚萃取 3 次，每次 30mL。合并乙醚层，用水洗涤 2 次后，用无水硫酸镁干燥。用高 12 英寸（1 英寸＝0.0254m）带真空夹套韦氏分馏柱在蒸汽浴上减压蒸去溶剂后[2]，用短程蒸馏装置在减压下蒸馏产物（注意起泡!)，得 1.25～1.29g（88%～90%）正癸烷[3]，沸点 68～70℃/14mmHg；n_D^{20}＝1.4122[4]。

2. 从甲苯磺酸正十二烷酯制备正十二烷

在装有搅拌器、带干燥管的回流冷凝管和温度计的 200mL 三口烧瓶中，加入 50mL 六甲基磷酰胺（HMPA）、6.80g 甲苯磺酸正十二烷酯和 5.02g 氰基硼氢化钠[5]。在 80℃下搅拌 12h，然后用 50mL 水稀释。稀释后的溶液用己烷萃取 3 次，每次 60mL。合并有机相，用水洗涤 2 次，用无水硫酸镁干燥，然后用旋转蒸发仪在减压下浓缩。残留物以短程减压蒸馏装置进行蒸馏（注意起泡!)，得 2.49～2.64g（73%～78%）正十二烷。沸点 79～81℃/3.75mmHg；n_D^{20}＝1.4217[4]。

五、注意事项

［1］1-碘癸烷通过活性炭过滤，在使用前蒸馏一次。

［2］如使用己烷，可用旋转蒸发器蒸去溶剂。但由于产物与己烷发生共沸蒸馏，因此损失相当多。当产物为高沸点物质时，这不存在问题。

［3］短程减压蒸馏冷凝管以乙二醇-水混合物冷却，接受瓶在冰盐浴中冷却至－10℃

［4］两者的红外光谱和核磁共振光谱与标准样品都相同。以气相色谱或核磁共振光谱鉴定，没有发现副产物。

［5］还原甲磺酸酯时，建议用过量很多的氰基硼氢化钠。

六、思考题

1. 短程减压蒸馏的基本操作是什么，和一般的减压蒸馏有什么区别?

2. 短程减压蒸馏的冷凝管为什么要用乙二醇-水混合物冷却，接受瓶为什么要求温度这么低？

3. 该步反应中为什么使用氰基硼氢化钠，能否使用硼氢化钠或者是氢化铝锂，为什么？

3.2 烯烃的制备

乙烯、丙烯、丁烯等低级烯烃是重要的化工原料，过去主要从石油炼制过程中产生的炼厂气和热裂气中分离得到低级烯烃。现在，低级烯烃主要通过石油的多种馏分裂解和原油直接裂解获得。

实验室制备烯烃主要采用醇的脱水、卤代烃脱除卤化氢或邻二卤代物脱除卤素方法制得。除此外，Wittig 反应也是常用的制备各种特定结构烯烃的方法；α，β-不饱和羧酸的脱羧经常用来制备苯乙烯衍生物。

醇脱水制备烯烃，可以用氧化铝或硅酸盐在高温下进行催化脱水；也可以用酸做催化剂进行脱水，常用的脱水剂有硫酸、磷酸、对甲苯磺酸等。

$$CH_3CH_2OH \xrightarrow[170℃]{98\%\ H_2SO_4} CH_2=CH_2 + H_2O$$

$$CH_3CH_2OH \xrightarrow[400℃]{Al_2O_3} CH_2=CH_2 + H_2O$$

醇脱水随着底物结构不同，反应速率也不同，顺序为：叔醇＞仲醇＞伯醇，叔醇在较低温度下即可脱水。由于反应可逆，在反应过程中需要不断地把生成的低沸点的烯烃蒸出或者将反应生成的水除去，来促使反应完成。在酸催化下的醇脱水过程中，除了分子内脱水成烯烃外，还会伴有分子间脱水成醚以及碳骨架重排产物生成，另外高浓度的酸会导致烯烃的聚合。因此醇在酸催化下脱水制备烯烃时，常伴有副产物——烯烃聚合、醚的生成。

卤代烃（主要是仲卤代烃和叔卤代烃）脱除卤化氢制备烯烃，通常在氢氧化钠或氢氧化钾的醇溶液，或者醇钠的醇溶液中进行，其机理为 E1 或 E2 消除。由于取代反应和消除反应互为竞争反应，所以在反应过程中，会出现醇和醚等副产物的出现。

$$H_3C-C(CH_3)_2-Br \xrightarrow[CH_3CH_2OH]{KOH} H_2C=C(CH_3)CH_3 + H_2O$$

无论是醇脱水还是卤代烃脱除卤化氢，得到的产物都是符合扎伊采夫（Zaytzeff）规则，主产物为取代基多的烯烃。

实验十二 环己烯的制备

一、实验目的

1. 熟悉环己醇反应原理，掌握环己烯的制备方法。

2.学习分液漏斗的使用，复习分馏操作。

二、实验原理

主反应：环己醇 $\xrightarrow[\triangle]{H_2SO_4}$ 环己烯

副反应：环己醇 $\xrightarrow{H^+}$ 二环己基醚 $+H_2O$

实验室少量制备烯烃通常采用醇在酸催化下脱水的方法。一般认为这是一个经过碳正离子中间体进行的单分子消除机理（E1）。

环己醇 $\underset{}{\overset{H^+}{\rightleftharpoons}}$ 质子化环己醇（OH_2^+） $\underset{}{\overset{-H_2O}{\rightleftharpoons}}$ 环己基碳正离子 $\underset{}{\overset{-H^+}{\rightleftharpoons}}$ 环己烯

三、药品和仪器

药品：15.6mL（0.15mol）环己醇，浓硫酸，精盐，无水氯化钙，5%碳酸钠。

仪器：圆底烧瓶，分馏柱，蒸馏头，冷凝管，接受器，锥形瓶，分液漏斗。

四、实验步骤

在50mL干燥的圆底烧瓶中，放入15.6mL环己醇、1mL浓硫酸和几粒沸石，充分振摇使混合均匀[1]。在烧瓶上装一短的分馏柱，安装上蒸馏头、温度计、冷凝管和接受器，用锥形瓶作接受器，外用冰水冷却。

将烧瓶在石棉网上用小火慢慢加热，控制加热速度使分馏柱上端的温度不要超过90℃[2]，馏液为带水的混合物。当烧瓶中只剩下很少量的残渣并出现阵阵白雾时，即可停止蒸馏。全部蒸馏时间约需1h。

将馏出液用精盐饱和，然后加入3～4mL 5%碳酸钠溶液中和微量的酸。将此液体倒入小分液漏斗中，振摇后静置分层。将下层水溶液自漏斗下端活塞放出[3]、上层的粗产物自漏斗的上口倒入干燥的小锥形瓶中，加入1～2g无水氯化钙干燥。

将干燥后的产物滤入干燥的蒸馏瓶中[4]，加入沸石后用水浴加热蒸馏。收集80～85℃的馏分于一已称重的干燥小锥形瓶中。产量7～8g。

五、注意事项

[1] 环己醇在常温下是黏稠状液体，因而若用量筒量取时应注意转移中的损失，环己醇与硫酸应充分混合，否则在加热过程中可能会局部碳化。

[2] 最好用简易空气浴，使蒸馏时受热均匀。由于反应中环己烯与水形成共沸物（沸点70.8℃，含水10%）；环己醇与环己烯形成共沸物（沸点64.9℃，含环己醇30.5%）；环己醇与水形成共沸物（沸点97.8℃，含水80%）。因此在加热时温度不可过高，蒸馏速度不宜太快。以减少未反应的环己醇蒸出。

[3] 水层应尽可能分离完全，否则将增加无水氯化钙的用量，使产物更多地被干燥剂吸附而导致损失。这里用无水氯化钙干燥较适合，因它还可除去少量环己醇。

[4] 在蒸馏已干燥的产物时，蒸馏所用仪器都应充分干燥。

六、思考题

1. 在粗制的环己烯中，加入精盐使水层饱和的目的何在？
2. 在蒸馏终止前，出现的阵阵白雾是什么？
3. 下列醇用浓硫酸进行脱水反应的主要产物是什么？
(a) 3-甲基-1-丁醇 (b) 3-甲基-2-丁醇 (c) 3,3-二甲基-2-丁醇

实验十三 反-1,2-二苯乙烯

一、实验目的

1. 掌握 Wittig 反应的原理和实验操作过程。
2. 了解 1,2-二苯乙烯的合成方法和反应条件。

二、实验原理

醛酮等羰基化合物可与 Wittig 试剂进行亲核加成反应，形成烯烃，该反应称为 Wittig 反应。

Wittig 试剂通常是由三苯基膦和卤代烷制备，三苯基膦作为亲核试剂先于卤代烷反应，生成季鏻盐，再与强碱（如 n-BuLi、PhLi 等）作用，生成 Wittig 试剂。

$$(C_6H_5)_3P + H_3CH_2C-Br \xrightarrow{\text{亲核取代}} \underset{\text{季鏻盐}}{(C_6H_5)_3P^+CH_2CH_3Br^-}$$

$$(C_6H_5)_3P^+-\underset{H}{CH}CH_3 + Ph-Li \xrightarrow{-PhH} \left[(C_6H_5)_3P^+-CH^-CH_3 \longleftrightarrow (C_6H_5)_3P=CHCH_3\right]$$

在 Wittig 反应中，Wittig 试剂作为亲核试剂进攻醛、酮分子中的羰基碳原子，即叶立德中带负电的碳进攻羰基碳原子，形成新的内鎓盐，这个内鎓盐极易生成不稳定的环状化合物，后者迅速分解成烯烃和三苯氧膦。反应机理如下：

$$\overset{\oplus}{Ph_3P}-\overset{\ominus}{C}HR_2 + \underset{R''}{\overset{R'}{>}}C=O \longrightarrow \begin{matrix}\overset{\oplus}{Ph_3P}\ \overset{\ominus}{O}\\ R-\overset{|}{\underset{|}{C}}-\overset{|}{\underset{|}{C}}-R'\\ R\ \ R''\end{matrix} \longrightarrow$$

$$\begin{matrix}Ph_3P-O\\ R-\overset{|}{\underset{|}{C}}-\overset{|}{\underset{|}{C}}-R'\\ R\ \ R''\end{matrix} \longrightarrow R_2C=C\underset{R''}{\overset{R'}{<}} + Ph_3P=O$$

Wittig 反应是在分子内导入烯键的重要方法，反应条件温和，产率高，并且在形成烯键时不产生烯烃的异构体。

α-卤代酸酯也可以与亚磷酸酯发生类似的反应，这是一个改良 Wittig 反应，称为 Horner-Wadsworth-Emmons 反应。

$$(C_6H_5O)_3P + BrCH_2CO_2C_2H_5 \longrightarrow (C_6H_5O)_2\overset{O}{\overset{\|}{P}}CH_2CO_2C_2H_5 \xrightarrow{NaH}$$

$$(C_6H_5O)_2\overset{O}{\overset{\|}{P}}\underset{\ominus}{C}HCO_2C_2H_5 \xrightarrow{R_2C=O} R_2C=CHCO_2C_2H_5 + (C_6H_5O)_2\overset{O}{\overset{\|}{P}}ONa$$

反-1,2-二苯乙烯可通过 Wittig 反应和 Horner-Wadsworth-Emmons 反应两种方法来进行制备。

本实验通过苄氯与三苯基膦作用，生成氯化苄基三苯基鏻（磷叶立德），再在碱存在下与苯甲醛作用（Wittig 反应），制备 1,2-二苯乙烯。第二步是两相反应，通过季鏻盐的相转移催化剂的作用，反应可顺利进行，具有操作简便，反应时间短等优点，适合于教学制备实验。

$$(C_6H_5)_3P + ClCH_2C_6H_5 \xrightarrow{\triangle} (C_6H_5)_3P^+CH_2C_6H_5Cl^- \xrightarrow{NaOH}$$

$$(C_6H_5)_3P=CHC_6H_5 \xrightarrow{C_6H_5CH=O} C_6H_5CH=CHC_6H_5 + (C_6H_5)_3PO$$

三、药品和仪器

药品：3g（2.8mL，0.024mol）苄氯[1]，6.2g（0.024mol）三苯基膦[2]，1.6g（1.5mL，0.015mol）苯甲醛，氯仿，乙醚，二氯甲烷，50%氢氧化钠溶液，95%乙醇。

仪器：100mL 圆底烧瓶，温度计，常压蒸馏仪器，回流冷凝管、干燥管，布氏漏斗，吸滤瓶，滴液漏斗，分液漏斗，磁力搅拌器，锥形瓶，烧杯。

四、实验步骤

1. 氯化苄基三苯基鏻的合成

在 50mL 圆底烧瓶中，加入 3g 氯苄，6.2g 三苯基膦和 20mL 氯仿，装上带有干燥管的回流冷凝管，水浴加热回流 2～3h。反应完后改为蒸馏装置，蒸出氯仿。向烧瓶中加入 5mL 二甲苯，充分摇振混合，真空抽滤。用少量甲苯洗涤结晶，于 110℃烘箱中干燥 1h，得 7g 季鏻盐。产品为无色晶体，熔点 310～321℃，贮于干燥器中备用。

2. 1,2-二苯乙烯

在 50mL 圆底烧瓶中，加入 5.8g 氯化苄基三苯基鏻，1.6g 苯甲醛[3] 和 10mL 二氯甲烷，装上回流冷凝管。在磁力搅拌器的充分搅拌下，自冷凝管顶部滴入 50%氢氧化钠水溶液，约 15min 滴完。加完后，继续搅拌 0.5h。

将反应混合物转入分液漏斗，加入 10mL 水和 10mL 乙醚，摇振后分出有机层，水层，用乙醚萃取 2 次，每次 10mL 合并有机层和乙醚萃取液，用水洗涤 3 次，每次 10mL 用无水硫酸镁干燥。滤去干燥剂，在水浴上蒸去有机溶剂。残余物加入 95%乙醇加热溶解（约需10mL），然后置于冰浴中冷却，析出反-1,2-二苯乙烯结晶。抽滤，干燥后称重。产量约1g，熔点123～124℃。进一步纯化可用甲醇-水重结晶。

纯粹反-1,2-二苯乙烯的熔点为124℃。

本实验需6～8h。

五、注意事项

[1] 苄氯蒸气对眼睛有强烈的刺激作用，转移时切勿滴在瓶外，如不慎沾在手上，应用水冲洗后再用肥皂擦洗。

[2] 有机磷化物通常是有毒的，皮肤接触后应立即用肥皂擦洗。

[3] 作为替换，可用2g（0.015mol）肉桂醛代替苯甲醛，其余操作相同，得到1,4-二苯基-1,3-丁二烯，产量约1g，熔点150～151℃。

六、思考题

1. 三苯亚甲基鏻能与水起反应，三苯亚苄基鏻则在水存在下可与苯甲醛反应，并主要生成烯烃，试比较两者的亲核活性并从结构上加以说明。

2. 为什么Wittig反应中要除去苯甲醛中所含的苯甲酸？

3.3　卤代烃的制备

卤代烃是重要的有机中间体，可以用来制备多种化合物，如醚、腈、高级炔烃等等。还可以在无水条件下做成金属有机试剂，与各种醛酮等羰基化合物反应，用来制备各种醇。实验室制备卤代烃的方法多是通过相同结构的醇，通过亲核取代反应得到，常用的试剂为卤化氢、三卤化磷和氯化亚砜。其反应机理可以是S_N1或S_N2，通常伯醇都是以S_N2历程进行反应，而叔醇则以S_N1历程进行反应的。

实验十四　溴乙烷的制备

一、实验目的

1. 掌握用醇和氢卤酸反应制取卤代烷的原理和基本操作。

2. 了解反应的主、副反应，学会如何提高反应产率的方法。

3. 掌握加热、产品的精制，正确使用分液漏斗和进行蒸馏操作。

二、实验原理

主反应：

$$NaBr + H_2SO_4 \longrightarrow HBr + Na_2SO_4$$

$$C_2H_5OH + HBr \longrightarrow C_2H_5Br + H_2O$$

副反应：
$$2C_2H_5OH \xrightarrow{H_2SO_4} C_2H_5OC_2H_5 + H_2O$$
$$C_2H_5OH \xrightarrow{H_2SO_4} H_2C{=}CH_2$$

三、药品和仪器

药品：10mL（7.9g，0.165mol）95%乙醇，13g（0.126mol）溴化钠（无水），4mL浓硫酸（d=1.84g/mL），28mL 78%硫酸，5mL饱和亚硫酸氢钠。

仪器：100mL圆底烧瓶，直型冷凝管，接受器，温度计，蒸馏头，分液漏斗，锥形瓶，加热套，调压器。

四、实验步骤

在100mL圆底烧瓶中加入研细的13g溴化钠，然后加入28mL 78%[1] 硫酸（由试验员事先配好）、10mL 95%乙醇，加入乙醇时注意将沾在瓶口的溴化钠冲入烧瓶中[2]。再加入搅拌子，小心摇动烧瓶使其均匀[3]。将烧瓶用75°弯头与直型冷凝管相连，冷凝管下端连接接引管。溴乙烷沸点很低，极易挥发。为了避免损失，在接收器中加入冷水及5mL饱和亚硫酸氢钠溶液，放在冰水浴中冷却，并使接受管的末端刚浸没在冰水浴中。

开始用低电压加热小心加热[4]，使反应液微微沸腾，在反应的前30min尽可能不蒸出或少蒸出馏分，30min后加大电压，进行蒸馏，直到无溴乙烷馏出为止。（随反应进行，反应混合液开始有大量气体出现，此时一定控制加热强度，不要造成暴沸，然后固体逐渐减少；当固体全部消失时，反应液变得黏稠，然后变成透明液体。此时已接近反应终点）。用盛有水的烧杯检查有无溴乙烷馏出。将接收器中的液体倒入分液漏斗，静止分层后，将下面的粗溴乙烷转移至干燥的锥形瓶中。在冰水冷却下，小心加入4mL浓硫酸[1,5]，边加边摇动锥形瓶进行冷却。用干燥的分液漏斗分出下层浓硫酸[6]。将上层溴乙烷从分液漏斗上口倒入50mL烧瓶中，加入搅拌子，进行蒸馏[7]。由于溴乙烷沸点很低，接收器要在冰水中冷却。接受37～40℃的馏分。产量约10g。溴乙烷为无色液体，沸点38.4℃，d_4^{20}=1.46。

五、注意事项

［1］此次实验同时使用78%和98%的硫酸，一定不能加错。

［2］如果在加入乙醇时不把粘在瓶口的溴化钠洗掉，必然使体系漏气，导致溴乙烷产率降低。

［3］若在加热之前没有把反应混合物摇匀，反应时极易出现暴沸使反应失败。

［4］开始反应时，要低电压加热，以避免溴化氢逸出。

［5］加入浓硫酸精制时一定注意冷却，以避免溴乙烷损失。

［6］实验过程中要进行两次分液，第一次保留下层，第二次要上层产品，事先头脑要清楚，不要搞错，误把产品丢掉。

［7］在反应过程中，反应时间不要太短，也不要蒸馏时间太长，将水过分蒸出造成硫酸钠凝固在烧瓶中。

六、思考题

1. 接受器中加入饱和亚硫酸氢钠的作用是什么？
2. 粗产物转移入锥形瓶，锥形瓶为何要是干燥的？
3. 浓硫酸洗涤的目的是什么？

实验十五 正溴丁烷的制备

一、实验目的

1. 学习带吸收有害气体的回流反应装置的使用。
2. 掌握正溴丁烷的制备方法。

二、实验原理

主反应：

$$NaBr + H_2SO_4 \longrightarrow HBr + NaHSO_4$$

$$n\text{-}C_4H_9OH + HBr \xrightarrow{H_2SO_4} n\text{-}C_4H_9Br + H_2O$$

副反应：

$$CH_3CH_2CH_2CH_2OH \xrightarrow{H_2SO_4} CH_3CH_2CH{=}CH_2 + H_2O$$

$$2n\text{-}C_4H_9OH \xrightarrow{H_2SO_4} (n\text{-}C_4H_9)_2O + H_2O$$

三、药品和仪器

药品：7.4g（9.2mL，0.10mol）正丁醇，13g（约0.13mol）无水溴化钠，浓硫酸，饱和碳酸氢钠溶液，无水氯化钙。

仪器：圆底烧瓶，回流冷凝管，弯接头，烧杯，玻璃漏斗，蒸馏头，温度计，直形冷凝管，接受管，接受瓶。

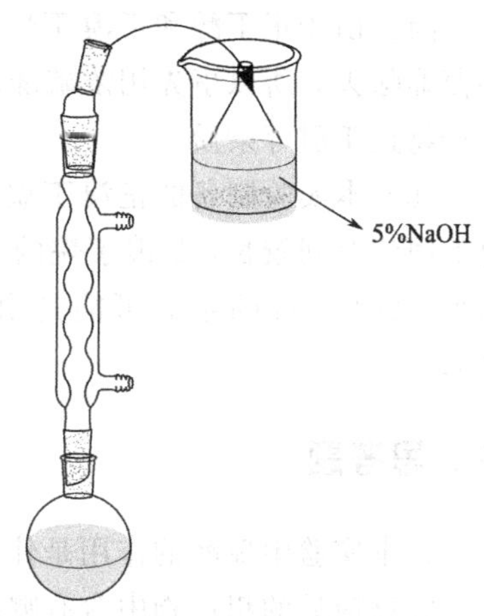

图3.1 冷凝装置

四、实验步骤

在100mL圆底烧瓶上安装回流冷凝管，冷凝管的上口接一气体吸收装置，用5%的氢氧化钠溶液作吸收剂（图3.1）。

在圆底烧瓶中加入10mL水，并小心地加入14mL浓硫酸，混合均匀后冷却至室温。再依次加入9.2mL正丁醇和13g溴化钠[1]，充分摇振后，加入搅拌子，连上气体吸收装置。将烧瓶置于油浴中慢慢加热至沸，调节油浴温度使反应物保持沸腾而又平稳地回流。由于无机盐水溶液有较大的相对密度，不久会分出上层液体即正溴丁烷（暂停搅拌可观察到该现象)。回流约需 30～40min (反应周期延长 1h 仅增加 1%～2%的产量)。待反应液冷却后，移去冷凝管，加上蒸馏头，改为蒸馏装置，蒸出粗产物正溴丁烷[2]。

将馏出液移至分液漏斗中，加入等体积的水洗涤[3] (产物在上层还是下层?)。产物转入另一干燥的分液漏斗中，用等体积的浓硫酸洗涤[4]。尽量分去硫酸层(哪一层?)。有机相依次用等体积的水、饱和碳酸氢钠溶液和水洗涤后转入干燥的锥形瓶中。用 1～2g 黄豆粒大小的无水氯化钙干燥，间歇摇动锥形瓶，直至液体清亮为止。

将干燥好的产物过滤到蒸馏瓶中，用油浴加热蒸馏，收集 99～103℃的馏分[5]，产量 7～8g。纯粹正溴丁烷的沸点为 101.6℃，折射率 $n_d^{20}=1.4399$。

五、注意事项

[1] 如用含结晶水的溴化钠 ($NaBr \cdot 2H_2O$)，可按物质的量换算，并酌减水量。

[2] 正溴丁烷是否蒸完，可从下列几方面判断：

① 馏出液是否由浑浊变为澄清；

② 反应瓶上层油层是否消失；

③ 取一试管收集几滴馏出液，加水摇动，观察有无油珠出现。如无，表示馏出液中已无有机物，蒸馏完成。蒸馏不溶于水的有机物时，常可用此法检验。

[3] 如水洗后产物尚呈红色，是由于浓硫酸的氧化作用生成游离溴的缘故，可加入几毫升饱和亚硫酸氢钠溶液洗涤除去。

$$2NaBr+3H_2SO_4 \longrightarrow Br_2+SO_2+2H_2O+2NaHSO_4$$

$$Br_2+3NaHSO_3 \longrightarrow 2NaBr+NaHSO_4+2SO_2+H_2O$$

[4] 由于正丁醇和正溴丁烷可形成共沸物 (沸点 98.6℃，含正丁醇 13%) 而难以用蒸馏除去，所以事先用浓硫酸洗涤，以除去存在于粗产物中的少量未反应的正丁醇及副产物正丁醚等杂质。

[5] 本实验制备的正溴丁烷经气相色谱分析，均含有 1%～2%的 2-溴丁烷。制备时如回流时间较长，2-溴丁烷的含量较高，但回流到一定时间后，2-溴丁烷的量就不再增加。2-溴丁烷的生成可能是由于在酸性介质中，反应也会部分以 S_N1 机制进行的结果。

六、思考题

1. 本实验中硫酸的作用是什么？硫酸的用量和浓度过大或过小有什么不好？

2. 反应后的粗产物中含有哪些杂质？各步洗涤的目的何在？

3. 分液漏斗洗涤产物时，正溴丁烷时而在上层，时而在下层，如不知道产物的密度时可用什么简便的方法加以判别？

4. 为什么用饱和碳酸氢钠溶液洗涤前先要用水洗一次？

5. 用分液漏斗洗涤产物时，为什么摇动后要及时放气？应如何操作？

实验十六 苯基烯丙基溴的制备

一、实验目的

1. 掌握由醇与四溴化碳反应制备卤代烷的方法。

2. 熟悉硅胶过滤的方法。

二、实验原理

$$C_6H_5CH{=}CHCH_2OH \longrightarrow C_6H_5CH{=}CHCH_2Br$$

三、药品和仪器

药品：1.9g（13.9mmol）苯基烯丙醇，5.5g（20.9mmol）三苯基膦，四溴化碳，二氯甲烷，三乙胺，硅胶，石油醚。

仪器：三口烧瓶，滴液漏斗，磁力搅拌器，砂芯漏斗，色谱柱。

四、实验步骤

在250mL三口烧瓶中加入1.9g（13.9mmol）苯基烯丙醇和6.4g（19.5mmol）CBr_4并溶于无水处理[1]的50mL CH_2Cl_2中，安装好滴液漏斗，另外两个口用胶塞塞住。在0℃下将含有5.5g（20.9mmol）Ph_3P的15mL CH_2Cl_2溶液滴加到底物和CBr_4的溶液中，滴加完毕后，在该温度下反应约1h，然后加入2eq（摩尔比）的Et_3N。继续反应，并让温度自然升至室温。待反应完毕后，加入少量石油醚，会有白色固体析出。硅胶过滤[2]，滤液旋干后剩余物进行柱色谱分离（所用展开剂为一定配比的乙酸乙酯和石油醚），得到产品化合物4.1g，产率70%。

五、注意事项

[1] 二氯甲烷可以用氢化钙回流再蒸馏；也可以用4A或5A分子筛干燥可以干到10μL/L以下的水分。

[2] 硅胶短柱过滤时要等到反应液彻底冷却，可能的话用冰水浴冷却，使固体彻底析出完全。在砂芯漏斗里加入一定高度的硅胶（使硅胶表面平整），下端接有圆底烧瓶，连接水泵，抽气，小心加入二氯甲烷（不要破坏平整的表面），待二氯甲烷达到砂芯板处，慢慢沿壁倒入冷却的反应液进行过滤。

六、思考题

1. 三乙胺的作用是什么？

2. 加入石油醚后析出的白色固体是什么？

3. 柱色谱应注意什么？

3.4　醇的制备

醇是有机合成中常用的一类化合物，可以转化成醛、酮、酯等多类化合物。它的制备方法多种多样，烯烃水合、硼氢化氧化、羟汞化脱汞反应等。一般实验室制备醇所用的方法除了硼氢化氧化外，还有羰基的还原（醛、酮、羧酸和酯）以及格氏试剂（用来制备各种结构复杂的醇）。

羰基的还原成醇，实验室通常用硼氢化钠或四氢铝锂来还原羰基。四氢铝锂是强还原剂，四氢铝锂的还原能力要大于硼氢化钠，可以还原大多数有机物，通常以四氢呋喃做溶剂，其对于溶剂的要求也相对较高，使用前必须进行无水处理；其后处理也较硼氢化钠麻烦。硼氢化钠是一种中等强度的还原剂，所以在反应中表现出良好的化学选择性，只还原活泼的醛酮羰基，而不与酯、酰胺作用，一般也不与碳碳双键、三键发生反应。少量硼氢化钠可以将腈还原成醛，过量则还原成胺。

甲醛与格氏试剂反应得到伯醇；其他醛与格氏试剂反应得到仲醇；酮与格氏试剂反应得到叔醇。在进行反应时，卤代烃、醛、酮和作为溶剂的醚必须仔细干燥。在实验开始前，仪器也必须完全干燥，同时使反应系统与空气中水汽、氧和二氧化碳隔绝。最后水解一步用稀的无机酸（硫酸、盐酸），因为这样可将难处理的胶状物质转变成水溶性的镁盐。

除此之外，也可以由卤代烃水解来制备醇。对仲和叔卤代烃来说，为避免在碱性条件下容易失去卤化氢生成烯烃，在水解时常用像碳酸钠、悬浮在水中的氧化银等较缓和的碱性试剂。在一般情况下，醇比卤代烃容易得到，因此常用醇来合成卤代烃，只有在相应的卤代烃比醇容易得到时才采用这种方法。

实验十七　三苯甲醇的制备

一、实验目的

1. 学习格氏试剂的制备方法。
2. 掌握水蒸气蒸馏操作。
3. 学习醇的制备方法。

二、实验原理

$$C_6H_5Br + Mg \xrightarrow{\text{无水乙醚}} C_6H_5MgBr$$

$$\text{PhCOPh} + \text{PhMgBr} \xrightarrow{\text{无水乙醚}} \text{Ph}_3\text{COMgBr}$$

$$\text{Ph}_3\text{COMgBr} \xrightarrow{NH_4Cl,\ H_2O} \text{Ph}_3\text{COH}$$

三、药品和仪器

药品：0.75g（0.03mol）镁屑，4.8g（3.2mL，0.03mol）溴苯，5.5g（0.03mol）二苯酮，无水乙醚，6g 氯化铵，乙醇。

仪器：磁力搅拌器，水蒸气发生器，三口烧瓶，恒压滴液漏斗，干燥管，回流冷凝管，锥形瓶，烧杯。

四、实验步骤

1. 苯基溴化镁的制备

在 250mL 三口烧瓶上[1] 分别装置搅拌器[2]、回流冷凝管及恒压滴液漏斗，在冷凝管上口装置氯化钙干燥管。瓶内放置 0.75g 镁屑[3] 及一小粒碘片[4]，在滴液漏斗中混合 3.2mL 溴苯及 15mL 无水乙醚。先将三分之一的混合液滴入烧瓶中，数分钟后即见镁屑表面有气泡产生，溶液轻微浑浊，碘的颜色开始消失。若不发生反应，可用水浴或手掌温热。反应开始后开动搅拌，缓缓滴入其余的溴苯乙醚溶液，滴加速度保持溶液呈微沸状态。加完后，在水浴继续回流 0.5h，使镁屑作用完全。

2. 三苯甲醇的制备

将已制好的苯基溴化镁试剂置于冷水浴中，在搅拌下经滴液漏斗滴加 5.5g 二苯酮溶于 15mL 无水乙醚的溶液，加完后，加热回流 0.5h，然后用 6g 氯化铵配成饱和溶液（约需 22mL 水）分解加成产物，蒸去乙醚后，剩余物进行水蒸气蒸馏，冷却，抽滤，固体经乙醇-水重结晶，得到纯净的三苯甲醇结晶，产量 4～4.5g，熔点 161～162℃。

五、注意事项

[1] 本实验所用仪器及试剂必须充分干燥，溴苯用无水氯化钙干燥并蒸馏纯化；所用仪器，在烘箱中烘干后，取出稍冷即放入干燥器中冷却。或将仪器取出后，在开口处用塞子塞紧，以防止在冷却过程中玻璃壁吸附空气中的水分。

[2] 本实验可采用电磁搅拌、手摇振荡或电动搅拌。

[3] 镁屑不宜采用长期放置的。如长期放置，镁屑表面常有一层氧化膜，可采用以下方法除去：用 5%盐酸溶液作用数分钟，抽滤除去酸液后，依次用水、乙醇、乙醚洗涤，抽干后置于干燥器内备用。也可用镁带代替镁屑，使用前用细砂纸将其表面擦亮，剪成小段。

[4] Grignard 反应的仪器用前应尽可能干燥。有时作为补救或进一步措施清除仪器

所形成的水化膜，可将已加入镁屑和碘粒的三口烧瓶在石棉网上用小火小心加热几分钟，使之彻底干燥。烧瓶冷却时可通过氯化钙干燥管吸入干燥的空气。在加入溴苯乙醚溶液前，需将烧瓶冷至室温，熄灭周围所有的火源。

六、思考题

1. 本实验在将 Grignard 试剂加成物水解前的各步中，为什么使用的药品仪器均需绝对干燥？为此采取了什么措施？

2. 本实验中溴苯加入太快或一次加入，有什么不好？

3. 如何用乙醇-水混合溶剂进行重结晶？

实验十八　水杨醇的制备

一、实验目的

1. 熟悉还原反应原理，以及还原剂硼氢化钠的化学性质。

2. 巩固薄层色谱跟踪反应进度的方法，以及重结晶操作。

二、实验原理

$$\text{(邻羟基苯甲醛, CHO, OH)} \xrightarrow[0\sim5℃]{NaBH_4} \text{(邻羟基苯甲醇, CH}_2\text{OH, OH)}$$

三、药品和仪器

药品：水杨醛 3.0g（2.6mL，0.025mol），硼氢化钠 0.76g（0.02mol），乙酸钠 0.5g，乙酸，甲基叔丁基醚。

仪器：单口烧瓶，干燥管，搅拌器，烧杯，分液漏斗，旋转蒸发仪。

四、实验步骤

在 100mL 单口烧瓶（上端接干燥管[1]）中，加入甲基叔丁基醚 30mL，搅拌下加入水杨醛 3.0g（0.025mol），待其溶解后，冰浴使反应温度降低到 0℃，加入缓冲溶液（由 1mL 水＋50mg 乙酸钠＋2 滴乙酸配制而成）使 pH ＝ 4～5，分批小心加入 $NaBH_4$[2] 0.72g（0.019mol），控制温度不高于 5℃。之后维持反应 0～5℃反应 2.5～3h，TLC（展开剂：石油醚：乙酸乙酯＝4：1）确定反应进程[3]。紫外灯下显色，原料完全消失后，控制反应温度不高于 10℃，加 10mL 水稀释反应物，再用 1mol/L 稀盐酸调节 pH＝6，分液并用甲基叔丁基醚萃取水层（分 3 次），合并有机相，用无水硫酸钠干燥，旋干得到白色固体水杨醇。如果产物不纯，可用乙酸乙酯-石油醚重结晶，冰浴中可析出纯品。

纯品熔点 87～88℃。

五、注意事项

[1] 反应装置要加干燥管，防止外界过多水分冷凝进入体系，影响产率。

[2] 加入硼氢化钠时，以及酸化分解时，都要防止温度过快升高。

[3] 跟踪反应进程时，取少量反应液加入水和乙酸乙酯后，再进行点样。

六、思考题

1. 本次实验除了硼氢化钠，还有哪些还原剂可以使用。

2. 如果要将水杨醇氧化成水杨醛，可以采用的氧化剂有哪些?

实验十九 绝对乙醇的制备

一、实验目的

1. 学习隔绝空气中湿气的回流反应装置使用。

2. 掌握无水乙醇、绝对乙醇的制备方法。

二、实验原理

通常工业用的 95.5%的乙醇不能直接用蒸馏法制取无水乙醇，因 95.5%乙醇和 4.5%的水形成恒沸点混合物。要把水除去，第一步是加入氧化钙（生石灰）煮沸回流，使乙醇中的水与生石灰作用生成氢氧化钙，然后再将无水乙醇蒸出。这样得到无水乙醇，纯度最高约 99.5%。市售的无水乙醇一般只能达到 99.5%的纯度，在许多反应中需用纯度更高的绝对乙醇，经常需自己制备。纯度更高的无水乙醇可用金属镁或金属钠进行处理。

$$2C_2H_5OH + Mg \longrightarrow (C_2H_5O)_2Mg + H_2\uparrow$$

$$(C_2H_5O)_2Mg + 2H_2O \longrightarrow 2C_2H_5OH + Mg(OH)_2$$

或 $$C_2H_5OH + Na \longrightarrow C_2H_5ONa + \frac{1}{2}H_2\uparrow$$

$$C_2H_5ONa + H_2O \rightleftharpoons C_2H_5OH + NaOH$$

三、药品和仪器

药品：95%乙醇，生石灰，氯化钙，镁条，金属钠，碘粒，邻苯二甲酸二乙酯。

仪器：圆底烧瓶，回流冷凝管，干燥管，烧杯，蒸馏装置，密度计。

四、实验步骤

1. 无水乙醇（含量99.5%）的制备

在100mL圆底烧瓶中[1]，放置50mL 95%乙醇和12g生石灰[2]，用木塞塞紧瓶口，放置至下次实验[3]。

下次实验时，拔去木塞，装上回流冷凝管，其上端接氯化钙干燥管，在水浴上回流加热1.5～2h，稍冷后取下冷凝管，改成蒸馏装置。蒸去前馏分后，用干燥的圆底烧瓶作接受器，接受器支管接氯化钙干燥管，使与大气相通。用水浴加热，蒸馏至几乎无液滴流出为止。称量无水乙醇的质量或量其体积，计算回收率。用密度计测定馏出液的密度，得出乙醇的纯度[4]。

2. 绝对乙醇（含量99.95%）的制备

（1）用金属镁制取

在250mL的圆底烧瓶中，放置0.6g干燥纯净的镁条，10mL 99.5%乙醇，装上回流冷凝管，并在冷凝管上端加一无水氯化钙干燥管。在沸水浴上或用火直接加热使达微沸，移去热源，立刻加入几粒碘片（此时注意不要振荡），顷刻即在碘粒附近发生作用，最后可以达到相当剧烈的程度。有时作用太慢则需加热，如果在加碘之后，作用仍不开始，则可再加入数粒碘（一般讲，乙醇与镁的作用是缓慢的，如所用乙醇含水量超过0.5%则作用尤其困难）。待全部镁已经作用完毕后，加入100mL 99.5%乙醇和几粒沸石。回流1h，蒸馏，产物收集于玻璃瓶中，用橡皮塞或磨口塞塞住。

（2）用金属钠制取

装置和操作同（1），在250mL圆底烧瓶中，放置2g金属钠[5]和100mL纯度至少为99%的乙醇，加入几粒沸石。加热回流30min后，加入4g邻苯二甲酸二乙酯[6]，再回流10min。取下冷凝管，改成蒸馏装置，按收集无水乙醇的要求进行蒸馏。产品贮于带有磨口塞或橡皮塞的容器中。

五、注意事项

[1] 本实验中所用仪器均需彻底干燥。由于无水乙醇具有很强的吸水性，故操作过程中和存放时必须防止水分侵入。

[2] 一般用干燥剂干燥有机溶剂时，在蒸馏前应先过滤除去。但氧化钙与乙醇中的水反应生成的氢氧化钙，因在加热时不分解，故可留在瓶中一起蒸馏。

[3] 若不放置，可适当延长回流时间。

[4] 乙醇的密度与体积分数、温度对照见表3.1。

[5] 金属钠遇水即燃烧、爆炸，故使用时应严格防止与水接触。在称量和切片过程中应当迅速，以免空气中水汽侵蚀或被氧化。

[6] 加入邻苯二甲酸二乙酯的目的，是利用它和氢氧化钠进行如下反应：

$$C_6H_4(COOC_2H_5)_2 + 2NaOH \longrightarrow C_6H_4(COONa)_2 + 2C_2H_5OH$$

因此消除了乙醇和氢氧化钠生成乙醇钠与水的作用，这样制得的乙醇可达到极高的纯度。

表3.1 乙醇的密度与体积分数、温度对照表 单位：g/mL

体积分数/% \ 温度/℃	20	21	22	23	24	25	26	27	28	29	30
95	0.8114	0.8105	0.8096	0.8088	0.8079	0.8070	0.8062	0.8053	0.8044	0.8035	0.8026
96	0.8071	0.8066	0.8057	0.8048	0.8040	0.8031	0.8022	0.8013	0.8005	0.7996	0.7987
97	0.8033	0.8024	0.8015	0.8007	0.7998	0.7989	0.7981	0.7972	0.7963	0.7955	0.7946
98	0.7990	0.7980	0.7972	0.7963	0.7954	0.7946	0.7937	0.7929	0.7920	0.7911	0.7902
99	0.7943	0.7934	0.7925	0.7917	0.7908	0.7899	0.7891	0.7882	0.7874	0.7865	0.7856
100	0.7893	0.7881	0.7875	0.7867	0.7858	0.7850	0.7841	0.7832	0.7824	0.7815	0.7806

六、思考题

为什么工业酒精不能直接用蒸馏法制取无水乙醇？

3.5 醚的制备

在实验室条件下，可通过醇的脱水、威廉姆逊醚合成、二芳醚合成（Ullmann反应）来制备醚类化合物。除此之外，醇与烯烃的亲电加成反应或醇与活化后的烯烃进行亲电加成也可以用来制备醚类化合物。该反应需要酸催化，三氟醋酸汞［$Hg(OCOCF_3)_2$］常可作为催化剂，反应生成具有马尔科夫尼科夫（Markovnikov）立体化学的醚类。在相似的反应条件下，生成四氢吡喃醚（THP）可作为一种醇的保护方法。

$$R_2C{=}CR_2 \xrightarrow{ROH} R_2CH{-}C(OR)R_2$$

通过醇脱水反应制备醚：

$$2RCH_2CH_2OH \xrightarrow{H^+} ROR + H_2O$$

$$RCH_2CH_2OH \xrightarrow{H^+} RHC{=}CH_2 + H_2O$$

该反应过程是在酸的催化（通常为硫酸）、加热时发生分子间脱水进行反应。反应可逆，需要在反应过程中不断将反应生成的水除去或将生成的醚蒸出。这种方法对于制备对称醚和环醚（分子内脱水）来说有效；如果是用两种不同结构的醇来进行该反应时，得到的是三种醚的混合物，不具有合成意义。另外此方法还会引入一定的烯烃副产物，即分子内脱水产物。此法只能合成一些简单的醚，对于复杂的醚类分子不太适用。

对于复杂分子则需要更温和的条件来合成。

威廉姆逊醚合成法制备混醚：卤代烃和醇钠或醇钾发生亲核取代反应：

$$RONa + \left\{\begin{matrix} R'X \\ R'OTS \end{matrix}\right. \longrightarrow ROR'$$

R 可为烷基或芳基

该反应通过烷氧基负离子或酚氧负离子与卤代烃或者活化的醇之间发生 S_N2 亲核取代反应来制备混醚或芳基醚。该方法有其局限性：①对于芳香卤代烃一般不适用（如：溴苯，参见 Ullmann 缩合）；②还只局限于一级卤代烃才可得到较好的收率，对于二级卤代烃与三级卤代烃则由于太易生成 E2 消除产物而不适用。

Ullmann 二芳醚合成的反应很类似于威廉姆逊反应，不同之处在于底物是芳香卤代烃。该反应一般需要催化剂才能进行，常用催化剂为一价铜盐。

$$PhX + HO\text{-}Ph \xrightarrow{CuI} Ph\text{-}O\text{-}Ph$$

环氧化合物通常由烯烃氧化制备。在工业生产中，最重要的环氧化合物是：环氧乙烷，它通过乙烯和氧气制备。其他的过氧化合物还可通过以下方法制备：通过过氧酸氧化烯烃来制备［如：间氯过氧苯甲酸（MCPBA）］或者通过 β-卤代醇分子内的亲核取代反应来制备。

实验二十　正丁醚

一、实验目的

1. 验证醇脱水生成醚的反应。
2. 学习水分离器的使用。

二、实验原理

主反应：

$$2CH_3CH_2CH_2CH_2OH \xrightleftharpoons{H_2SO_4,\ 135℃} CH_3CH_2CH_2CH_2OCH_2CH_2CH_2CH_3 + H_2O$$

副反应：

$$2CH_3CH_2CH_2CH_2OH \xrightarrow{H_2SO_4} CH_3CH_2CH{=}CH_2 + H_2O$$

三、药品和仪器

药品：25g（31mL，0.034mol）正丁醇，4.5mL 浓硫酸，无水氯化钙。

仪器：三口烧瓶，圆底烧瓶，冷凝管，水分离器，烧杯。

四、实验步骤

在 100mL 三口烧瓶中，加入 31mL 正丁醇、4.5mL 浓硫酸和搅拌子，摇匀后按图 3.2 装置仪器。三口烧瓶的侧口装上温度计，温度计水银球应浸入液面以下，中间口装分水器，分水器上接回流冷凝管，先在分水器内放置（V－3.5）mL 水[1]，另一口用塞子塞紧。然后将烧瓶在油浴上慢慢加热，保持反应液微沸，回流分水。随着反应进行，回流液经冷凝管收集于分水器内，水层沉于下层，上层有机相积至分水器支管时，即可返回烧瓶。当烧瓶内反应物温度上升至135℃左右[2]（分水器全部被水充满时），即可停止反应，大约需要1.5h，若继续加热，则反应液变黑并有较多的副产物烯生成。

待反应液冷至室温后，将其倒入盛有50mL水的分液漏斗中，充分振摇，静置分层后弃去下层液体，上层粗产物依次用25mL水、15mL 5%的氢氧化钠溶液[3]、15mL水和15mL饱和氯化钙溶液洗涤[4]，然后用1～2g无水氯化钙干燥。干燥后的产物滤入25mL蒸馏瓶中，蒸馏收集140～144℃馏分，产量7～8g。

纯正丁醚的沸点142.4℃，折射率$n_D^{20}=1.3992$。

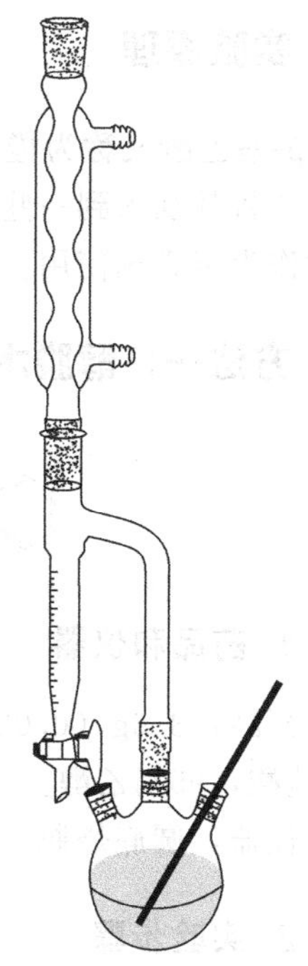

图3.2 水分离装置

五、注意事项

[1] V为分水器的体积，本实验根据理论计算失水体积为3mL，实际分出水的体积略大于计算量，故分水器放满水后先分掉约3.5mL水。

[2] 制备正丁醚的较宜温度是130～140℃，但这一温度在开始回流时是很难达到的。因为正丁醚可与水形成共沸物（94.1℃，含水33.4%），另外，正丁醚与水及正丁醇形成三元共沸物（沸点90.6℃，含水9.9%，正丁醇34.6%），正丁醇与水也可形成共沸物（沸点93.0℃，含水44.5%）。故应控制温度在90～100℃之间较合适，而实际操作是在100～115℃之间。

[3] 在碱洗过程中，不要太剧烈地摇动分液漏斗，否则生成的乳浊液很难破坏而影响分离。

[4] 上层粗产物的洗涤也可采用以下方法进行，先每次用冷的25mL 50%硫酸洗两次，再每次用25mL水洗两次。因50%硫酸可洗去粗产物中的正丁醇，但正丁醚也能微溶，所以产率略有降低。

六、思考题

1. 试根据本实验正丁醇的用量计算生成的水的体积。
2. 反应结束后为什么要将混合物倒入50mL水中？各步洗涤的目的何在？
3. 能否用本实验的方法由乙醇和2-丁醇制备乙基仲丁基醚？你认为用什么方法比较合适？

实验二十一 β-萘乙醚的制备

一、实验目的

1. 掌握萘乙醚的制备方法。
2. 学习和掌握重结晶提纯固体化合物的操作技术。

二、实验原理

β-萘乙醚又称为橙花醚，是一种合成香料，其稀溶液具有类似橙花和洋槐花的香味。若将其加入到一些易挥发的香料中，便会减慢这些香料的挥发速度，因此，β-萘乙醚常作为定香剂使用。实验室通常采用下面两种方法合成β-萘乙醚。

三、方法一：醇脱水

$$\text{(2-萘酚, OH)} + C_2H_5OH \xrightarrow[H_2SO_4]{120℃} \text{(2-萘乙醚, }OC_2H_5\text{)} + H_2O$$

1. 药品和仪器

药品：3.6g（0.025mol）β-萘酚，5mL 无水乙醇，1mL 浓硫酸，5%氢氧化钠，2%盐酸，95%乙醇。

仪器：圆底烧瓶，磁力搅拌器，冷凝管，烧杯。

2. 实验步骤

在 25mL 圆底烧瓶中加入 3.6g（0.025mol）β-萘酚及 5mL 无水乙醇，然后在振摇下小心加入 1mL 浓硫酸，使混合均匀。加入搅拌子，装上回流冷凝管，开动搅拌，在 120℃油浴上加热回流 6h。然后将反应物倒入盛有 40mL 水的 100mL 烧杯中，并置于冰水浴中冷却，使粗产物析出。过滤，将粗产物研细，放入 100mL 烧杯中，加入 25mL 5%氢氧化钠溶液充分搅拌后，过滤，所得粗产物用水洗涤两次，再用 2%盐酸洗涤一次。抽干后，将产物放于滤纸上充分吸干水。用 95%乙醇重结晶，经活性炭脱色，可得白色片状结晶约 2.5g。

纯粹 β-萘乙醚的熔点为 37.5℃。

四、方法二：Williamson 法

$$\text{(2-萘酚, OH)} + NaOH \longrightarrow \text{(2-萘酚钠, ONa)} + H_2O$$

$$\text{(2-萘酚钠, ONa)} + C_2H_5Br \longrightarrow \text{(2-萘乙醚, }OC_2H_5\text{)} + NaBr$$

1. 药品和仪器

药品：3.6g（0.025mol）β-萘酚，20mL 无水乙醇，1.1g 氢氧化钠，2mL（2.9g，0.027mol）溴乙烷。

仪器：三口烧瓶，磁力搅拌器，冷凝管，烧杯。

2. 实验步骤

在 50mL 三口烧瓶中加入 3.6g（0.025mol）β-萘酚、20mL 无水乙醇、1.1g 研碎的

固体氢氧化钠[1] 和 2mL（2.9g，0.027mol）溴乙烷，于水浴上加热回流 5～6h[2]。然后将回流装置改为蒸馏装置，回收大部分乙醇。最后将反应混合物倒入盛有 40mL 水的 100mL 烧杯中，并置于冰水浴中冷却，使粗产物析出。过滤，所得粗产物用水洗涤两次。抽干后，将产物放于滤纸上充分吸干水。用 95%乙醇重结晶，经活性炭脱色，抽滤，得白色片状结晶。

纯粹 β-萘乙醚的熔点为 37.5℃。

五、注意事项

［1］也可用氢氧化钾，但所得粗产物熔点常常很低，且难以进行后处理。

［2］水浴温度不宜过高，否则溴乙烷因为沸点低而易逸出。反应 5～6h 后几乎无游离酚存在。

六、思考题

1. 制备 β-萘乙醚时，为什么不用乙醇和 β-溴萘作原料？

2. 反应结束后，为什么要把大部分乙醇蒸出？

3.6 醛、酮的制备

在制备醛或酮时，主要通过醇的氧化（伯醇和仲醇的氧化）、烯烃的氧化、二卤代烃的水解。除此外 α,β-不饱和醛酮的制备可以通过 Claisen-Schmidt 反应来制备；五元或六元环酮可以通过二元羧酸盐的脱羧制备。

伯醇氧化制备醛，常用的氧化剂有：CrO_3/H_2SO_4/丙酮（Jones 试剂，酸性体系，不影响双键）；CrO_3/吡啶（Sarrett 试剂或 Collins 试剂，碱性体系，不影响双键）。

仲醇氧化制备酮，因为酮对氧化剂相对稳定，不易进一步氧化，可以用铬酸氧化，这一反应为放热反应，必须严格控制反应温度以免反应过于激烈。对于不溶于水的化合物可用铬酸在丙酮或冰醋酸中进行，不影响双键。

对于芳香酮的制备，通常采用傅克酰基化反应进行；也可以通过偕二卤代物水解后得到。

实验二十二　正庚醛的制备

一、实验目的

1. 熟悉用三氧化铬-吡啶络合物将伯醇氧化为醛反应的原理。

2. 掌握正庚醛的制备方法。

二、实验原理

$$2\,C_5H_5N\,(\text{吡啶}) + CrO_3 \longrightarrow CrO_3 \cdot (C_5H_5N)_2$$

$$CH_3(CH_2)_5CH_2OH \xrightarrow[CH_2Cl_2,\ 25^\circ C]{CrO_3 \cdot (C_5H_5N)_2} CH_3(CH_2)_5CHO$$

三、药品和仪器

药品：6.8g 无水三氧化铬，50mL 无水吡啶，0.58g 正庚醇，无水二氯甲烷，无水石油醚，5%氢氧化钠，5%盐酸，饱和碳酸氢钠溶液，无水硫酸镁。

仪器：150mL 三口烧瓶，密封机械搅拌器，温度计，干燥管，冰浴，分液漏斗，锥形瓶，常压蒸馏装置，减压蒸馏装置。

四、实验步骤

1. 三氧化铬二吡啶的制备

注意！三氧化铬与吡啶的反应是强烈放热的，应当在通风橱中进行操作。

在装有密封机械搅拌器、温度计和干燥管的 150mL 三口烧瓶中，放置 50mL 无水吡啶[1]，并用水浴将吡啶冷却至大约 15℃[2]。在搅拌下于 30min 内间歇地拿开干燥管，将 6.8g 无水三氧化铬[3] 分批加入瓶内。三氧化铬加入[4] 时，保证反应温度不超过 20℃而又能很快地与吡啶混合，并且不黏着在瓶口下面的瓶壁上。再加入三氧化铬时，从吡啶中析出一种深黄色絮凝的沉淀，并且混合物的黏度增加。加完三氧化铬后，在搅拌下将反应混合物的温度慢慢上升到室温。1h 内，混合物的黏度变低，原来的黄色产物变为深红色的粗大晶体，停止搅拌后沉至瓶底。从生成的复合物中倾出上层的吡啶，再用倾泻法每次以 25mL 无水石油醚洗涤结晶数次。用玻璃多孔漏斗过滤产物，用无水石油醚洗涤，在过滤和洗涤时应尽量避免与空气接触。然后在 10mmHg 下减压干燥，直至获得 15～16g（85%～91%）三氧化铬二吡啶复合物。此物极易吸潮，与湿空气接触即转变为黄色的铬酸二吡啶。三氧化铬二吡啶应置于棕色瓶中在 0℃贮存[5]。

2. 醇的氧化通法

配置足够量的 5%三氧化铬二吡啶的无水二氯化甲烷溶液[6]，使复合物对醇的摩尔数之比为 6∶1。为了使醇完全氧化为醛，必须使用过量的试剂。新鲜制备的复合物在 25℃能以 5%的浓度溶于二氯甲烷，并得到深红色的溶液。但以粗复合物来配制时，则溶液中通常含有少量的棕色不溶性物质。在搅拌下，于室温或低于室温将醇（纯的或用无水二氯甲烷配成的溶液）一次加入到红色溶液中，无立体阻碍的伯醇或仲醇于 25℃大约在 5～15min 之内即可完成氧化，同时析出棕黑色的三氧化二铬二吡啶的还原聚合物。当被还原的铬化合物沉淀完全时（用气相分析或薄层分析追踪反应物是有帮助的），将上清液从沉淀（通常为焦油状）中倾出，沉淀用二氯化甲烷充分洗涤。合并二氯甲烷溶液，依次用稀盐酸、碳酸氢钠溶液及水洗涤以除去溶液中的吡啶和铬盐，或者直接通过助滤剂进行过滤，也可以通过色谱柱来除去。蒸去二氯甲烷后得到产物。若有残留吡啶，可以减压下抽去。

3. 正庚醛

在装有机械搅拌器的150mL三口烧瓶中，加入65mL无水二氯甲烷[6]，开动搅拌，在室温下加入7.75g三氧化二铬吡啶复合物。向此溶液一次加入0.58g正庚醇，搅拌20min以后，从有不溶物的棕色溶液中倾出上清液。不溶性残渣用三份10mL乙醚洗涤。合并乙醚和二氯甲烷溶液，依次用30mL 5%氢氧化钠溶液、10mL 5%盐酸、二份10mL饱和氯化钠溶液洗涤。有机相以无水硫酸镁干燥，蒸去溶剂，将残留的油状物进行减压蒸馏，得0.4～0.48g（70%～84%）正庚醛，沸点80～84℃/65mmHg，$n_D^{25}=1.4094$。

五、注意事项

［1］化学试剂级吡啶用粒状氢氧化钠干燥后，重蒸一次即可使用。

［2］为了避免未反应的过量三氧化铬的累积和反应时温度很快升高，吡啶的温度不应当低于10℃。

［3］化学试剂级的三氧化铬在干燥器中经五氧化二磷干燥后再使用。

［4］在加三氧化铬时，使用玻璃圆锥漏斗。

［5］在减压下，复合物本身失去吡啶，表面因分解并变黑，所以不应当存放在有酸性干燥剂的或真空干燥器中。为防止复合物水化，应尽量避免暴露在空气中。

［6］二氯甲烷需加五氧化二磷蒸馏一次，或者在使用前从五氧化二磷中倾出。

六、思考题

1. 有效的三氧化二铬吡啶复合物实际应当是无水的，如何判断制备的三氧化二铬吡啶复合物达到无水要求？

2. 在正庚醛的制备中最后还要用稀的盐酸洗涤，这是为什么？

3. 该实验的氧化反应对无水的要求很高，可以采取哪些措施确保反应体系的无水，另外溶剂的无水处理，有哪些方法？举例说明。

实验二十三　2,3-二氢-1-茚酮的制备

一、实验目的

1. 掌握傅克酰基化反应制备芳香酮的方法。

2. 熟悉羧酸作为酰基化试剂的酰基化反应。

二、实验原理

$$C_9H_{10}O_2\ (150.2) \xrightarrow{\text{多聚磷酸}} C_9H_8O\ (132.2)$$

三、药品和仪器

药品：15.0g（100mmol）3-苯基丙酸，110g 多聚磷酸（83% P_2O_5），150mL 甲基叔丁基醚，150g 碎冰，30mL 氢氧化钠溶液（5%），3g 无水硫酸镁。

仪器：500mL 宽颈锥形瓶，玻璃棒，温度计，加热盘，1L 分液漏斗，20cm 韦氏分馏柱，旋转蒸发仪，蒸馏装置，真空泵，油浴。

四、实验步骤

在油浴上面安装有铁圈，将 500mL 宽颈锥形瓶放在铁圈上。将油浴放置在加热盘上，加热盘下安装有升降台，这样可以通过高度的调节来控制加热或者不加热。在锥形瓶中加入 60g 多聚磷酸，加热至瓶内温度达到 90℃（油浴的温度约为 100℃）直至多聚磷酸变为液体。将 15g（100mmol）3-苯基丙酸加入到烧杯中，加热到 60℃左右，使其液化，然后将液体在玻璃棒搅拌下，马上加入到多聚磷酸中。将油浴高度降低（降低升降台），使锥形瓶不在浸在油浴中。继续用玻璃棒搅拌 3min，保持反应液的温度维持在 90℃。再加入 50g 多聚磷酸，反应瓶再次浸入到油浴中（油浴温度为 100℃）。剧烈搅拌反应液 4min 后，降低油浴高度，使反应液冷却至 60℃，然后加入 150g 碎冰，继续搅拌，直至多聚磷酸全部水解，反应瓶内出现黄色油状沉积物。

反应混合物转移到 1L 分液漏斗中，用甲基叔丁基醚萃取三次，每次 50mL。合并有机相，先用 50mL 水洗涤，再用 30mL 5%氢氧化钠溶液，最后再用 50mL 水洗涤。如果没有洗涤至中性，继续每次用 30mL 水洗涤，直至成中性为止。有机相用无水硫酸镁干燥。过滤除去干燥剂，旋转蒸发除去溶剂，得到油状粗产品 10.2g。粗产物用 20cm 韦氏分馏柱减压分馏。

产率：9.32g（70.5mmol，71%）；bp 84～85℃（0.2kPa）；无色液体，迅速变为晶体；mp 40～41℃。

五、注意事项

蒸出的甲基叔丁基醚收集，再次蒸馏利用。

六、思考题

1. 请试着写出该反应的反应机理。
2. 多聚磷酸的作用是什么？可否直接用磷酸代替？

实验二十四　二苯甲酮的制备

一、实验目的

1. 学习隔绝空气中湿气，吸收有害气体的回流反应装置的使用。

2. 学习减压蒸馏操作。

3. 掌握由傅克反应制备二苯酮的方法。

二、实验原理

$$2\,C_6H_6 + CCl_4 \xrightarrow[-2HCl]{AlCl_3} (C_6H_5)_2CCl_2$$

$$(C_6H_5)_2CCl_2 \xrightarrow[-2HCl]{H_2O} (C_6H_5)_2C{=}O$$

三、药品和仪器

药品：6g（约0.046mol）无水三氯化铝，7g（8mL0.09mol）无水苯，21mL四氯化碳，无水硫酸镁。

仪器：磁力搅拌器，三口烧瓶，滴液漏斗，温度计，干燥管，玻璃漏斗，冷凝管，锥形瓶，真空泵，蒸馏头，多尾接受器。

四、实验步骤

在250mL三口烧瓶[1]里加入搅拌子，安装上冷凝管、滴液漏斗和温度计。冷凝管上端装氯化钙干燥管，后者再接气体吸收装置。

迅速称取6g无水三氯化铝，置于三口烧瓶中，再加入14mL四氯化碳，将三口烧瓶在冷水浴中冷却到10～15℃，开动搅拌，通过滴液漏斗慢慢滴入8mL无水苯和7mL四氯化碳的混合液，维持反应温度在5～10℃[2]之间，约10～15min滴完。加完后，在10℃左右继续搅拌1h。然后将三口烧瓶浸入冰水浴，在搅拌下慢慢滴加100mL水。加完后改为蒸馏装置，在水浴上尽量蒸去四氯化碳及未反应的苯，再在石棉网上用小火加热蒸馏0.5h，以除去残留的四氯化碳[3]，并促使二苯二氯甲烷水解完全。分出下层粗产物，水层用蒸出的四氯化碳萃取一次，合并后用无水硫酸镁干燥。先在常压下蒸去四氯化碳，当温度升至90℃左右时停止加热，稍冷后再进行减压蒸馏，收集156～159℃/1.33 kPa（10mmHg）的馏分。产物冷却后固化[4]，熔点47～48℃，产量6～7g。

五、注意事项

[1] 本实验所用仪器和试剂均需充分干燥，否则影响反应顺利进行，装置中凡是和空气相通的部位，应安装干燥管。

[2] 若温度低于5℃，则反应缓慢，高于10℃时则有焦油状物产生。

[3] 约可回收14mL四氯化碳，其中含少量苯。

[4] 冷却后有时不易立即得到结晶，这是由于形成低熔点（26℃）β-二苯酮之故。也可用石油醚（30～60℃）进行重结晶，代替减压蒸馏。

六、思考题

1. 本实验为什么是四氯化碳过量？如苯过量有什么结果？
2. 反应完成后，加入水的目的是什么？

实验二十五　二苯亚甲基丙酮

一、实验目的

1. 熟悉羟醛缩合和Claisen-Schmidt反应的原理和操作。
2. 学会用平行反应仪进行最佳实验条件筛选。
3. 固熔点的测定和重结晶操作。

二、实验原理

二苯亚甲基丙酮是金属有机化学中的常用配体。它可由苯甲醛和丙酮在氢氧化钠作用下发生Claisen-Schmidt反应而得。

$$2\,PhCHO + CH_3COCH_3 \xrightarrow{NaOH} PhCH{=}CHCOCH{=}CHPh$$

三、药品和仪器

药品：1.4g（1.3mL，12.5mmol）苯甲醛，0.4g（0.5mL，6.25mmol）丙酮，1.2g氢氧化钠，甲醇，乙醇，乙醚，四氢呋喃，水。

仪器：圆底烧瓶，磁力搅拌器，回流冷凝管，烧杯，锥形瓶，布氏漏斗，吸滤瓶。

四、实验步骤

室温下，在装有搅拌子的100mL圆底烧瓶中，加入由1.2g氢氧化钠溶于混合溶剂得到的溶液中（总体积20mL，有机溶剂类别及其与水的比例自定）[1]，先加入一半事先配制的0.5mL丙酮和1.3mL苯甲醛的混合液，快速搅拌10min，再加入剩余的一半，继续搅拌20min。完成后抽滤析出的固体，用冷水洗涤至洗涤液对pH试纸显中性，压紧、抽干并在红外下干燥即得粗品[2]。用乙酸乙酯重结晶（用量2.5mL/g），得到纯品[3]。

测定产物熔点（标准值112℃）。

五、注意事项

[1] 该实验为最佳反应条件设计实验，因此在实验步骤中并未给出最优实验溶剂、温度、反应时间等等。为尽快找到最佳反应条件，可4～5人一组，制定研究计划，并采用不同反应条件，利用平行反应仪同时开展多个平行反应。

[2] 单次反应得到0.5g以上纯品，且熔点与理论值相符，为合适反应条件。

[3] 实验报告每人都要写，详细记录操作细节，并阐述如此操作的理由。

六、思考题

1. 影响反应产率的因素主要有哪几个，你在实验中是如何处理的？
2. 反应过程中会产生哪些可能的副产物？

3.7 羧酸的制备

羧酸的制备方法有很多，常用的方法就是氧化法，烯烃、炔烃、醇、醛酮等的氧化都可以得到羧酸；所用氧化剂通常为酸性重铬酸钾、酸性高锰酸钾等。伯醇和醛的氧化可以直接得到羧酸；链状仲醇和酮的氧化产物经常是混合物，实际应用价值不大，环状结构则具有合成意义，可以得到二元羧酸；烯烃的氧化通常用碱性高锰酸钾来进行，断键得到两分子羧酸或者得到酮和酸（取决于烯烃的结构）。

环状烯烃或炔烃的氧化反应可以用来制备分子内二元羧酸。

$$\text{环己烯} \xrightarrow{[O]} \text{(ring-opened chain)}\begin{matrix}\text{COOH}\\ \text{COOH}\end{matrix}$$

腈的水解，无论是酸性条件下还是碱性条件下水解，都可以用来制备相应结构的羧酸。

$$\text{R—CN}\left\{\begin{matrix}\xrightarrow[H_2O\ \triangle]{H^+} \\ \xrightarrow[H_2O]{OH^-}\xrightarrow{H^+}\end{matrix}\right\}\text{R—COOH}$$

此外，格氏试剂与二氧化碳反应也可用来制备比原料多了一个碳的羧酸。

对于芳香族羧酸的制备如苯甲酸的制备，通常采用烷基苯的氧化反应得到。苯环的侧链，当存在烯丙位氢的时候，就可以被氧化成苯甲酸。

$$(CH_3)_3C\text{—}C_6H_4\text{—}CH_2CH_3 \xrightarrow{[O]} (CH_3)_3C\text{—}C_6H_4\text{—}COOH$$

酯的水解也可以制备羧酸，Perkin 反应可以制备 α，β-不饱和羧酸等。

实验二十六　己二酸的制备

一、实验目的

1. 学习用环己醇氧化制备己二酸的原理和方法。
2. 学习带有磁力搅拌装置的操作技术。
3. 进一步掌握重结晶、减压过滤等操作。

二、实验原理

$$\text{环己醇} \xrightarrow{[O]} \text{环己酮} \longrightarrow HOOC(CH_2)_4COOH$$

氧化剂可用浓硝酸、碱性高锰酸钾或酸性高锰酸钾。本实验采用碱性高锰酸钾作氧化剂。

三、药品和仪器

药品：2.1mL 环己醇，6.3g 高锰酸钾，亚硫酸氢钠，浓盐酸，活性炭，0.3mol/L 氢氧化钠溶液。

仪器：250mL 三口烧瓶，温度计，滴液漏斗，搅拌器，滴管，布氏漏斗，吸滤瓶，平板加热器，烧杯。

四、实验步骤

在 250mL 三口烧瓶上安装温度计、回流冷凝管、滴液漏斗，在三口烧瓶中加入 6g 高锰酸钾和 50mL0.3mol/L 氢氧化钠溶液，加入搅拌子。搅拌加热至 35℃使之溶解后停止加热，再在继续搅拌下滴加 2.1mL 环己醇[1]，控制滴加速度，维持反应温度 43～47℃[2]，滴加完毕后若温度下降，可在 50℃的水浴中继续加热，直到高锰酸钾溶液颜色褪去。在沸水浴中加热混合物几分钟使二氧化锰凝聚，趁热抽滤，滤渣二氧化锰用少量热水洗涤 3 次，每次尽量挤压掉滤渣中的水分，滤液用小火加热蒸发使溶液浓缩至原来体积的一半，冷却后再用浓盐酸酸化至 pH 值为 2～4 止。冷却析出结晶，抽滤后得粗产品。将粗产物用水进行重结晶提纯后在烘箱中烘干，测量产品的熔点和红外光谱，并与标准光谱比较。

五、注意事项

[1] 环己醇常温下为黏稠液体，可加入适量水搅拌，便于用滴管滴加。

[2] 制备羧酸采取的都是比较强烈的氧化条件，一般都是放热反应，应严格控制反应温度，否则不但影响产率，有时还会发生爆炸事故。

六、思考题

1. 为什么本实验在加入环己醇之前应预先加热反应液？实验开始时加料速度较慢，待反应开始后反而可适当加快加料速度？

2. 反应完后如果反应混合物呈淡紫红色，为什么要加入亚硫酸氢钠？写出其反应方程式。

3. 本实验得到的溶液为什么要用盐酸酸化？除用盐酸酸化外，是否还可用其他酸酸化？为什么？

实验二十七 苯甲酸的制备

一、实验目的

1. 验证芳烃的氧化反应。
2. 掌握苯甲酸的一种制备方法。

二、实验原理

苯甲酸俗称安息香酸，通常作为食品、水果的防腐剂，也可用于合成染料、药物、媒染剂、增塑剂和香料等。

其制备可通过高锰酸钾氧化芳烃的烷基侧链来实现。

$$C_6H_5CH_3+2KMnO_4 \longrightarrow C_6H_5COOK+KOH+2MnO_2+H_2O$$

$$C_6H_5COOK+HCl \longrightarrow C_6H_5COOH+KCl$$

三、药品和仪器

药品：2.3g（2.7mL，0.025mol）甲苯，8.5g（0.054mol）高锰酸钾，浓盐酸，亚硫酸氢钠。

仪器：圆底烧瓶，冷凝管，布氏漏斗，吸滤瓶，烧杯，磁力搅拌器。

四、实验步骤

加2.7mL甲苯和100mL水于250mL圆底烧瓶中，装上回流冷凝管，加入搅拌子。在油浴中慢慢加热至沸腾。从冷凝管上端分批加入8.5g高锰酸钾，加完后，用20mL水把黏附在冷凝管内壁的高锰酸钾冲入瓶内。继续加热，直至甲苯层几乎消失，回流液不再出现油珠（约需4～5h）。

将反应混合物趁热减压过滤[1]，用少量水[2]洗涤滤渣二氧化锰。合并滤液和洗涤液，放在冰水浴中冷却，然后用浓盐酸酸化（用刚果红试纸试验），至苯甲酸全部析出为止。

将析出的苯甲酸减压抽滤，用少量冷水洗涤，干燥，若苯甲酸颜色不纯，可在适量的热水中重结晶[3]。产量约 1.5g。

纯苯甲酸为无色针状晶体，熔点 122.4℃。

五、注意事项

［1］滤液如果呈紫色，可加入少量亚硫酸氢钠使紫色褪去，重新减压抽滤。

［2］洗涤所用水量尽量少，过多会导致后面步骤中产品损失大。

［3］用水重结晶时，水不可加入过多。

六、思考题

1. 反应完毕后，若滤液呈紫色，为什么要加入亚硫酸氢钠？

2. 还可用哪些方法制备苯甲酸？

3. 若用甲苯为原料，想得到苯甲醛，能否用高锰酸钾氧化？如果不能，用什么？

实验二十八　10-苯基癸酸的制备

一、实验目的

1. 掌握酰基化反应和羰基还原为亚甲基过程。

2. 巩固重结晶操作过程。

二、实验原理

$$HO_2C\text{–}CH_2\text{–}(CH_2)_6\text{–}CH_2\text{–}CO_2H \longrightarrow C_6H_5CO\text{–}CH_2CH_2\text{–}(CH_2)_5\text{–}CH_2\text{–}CO_2H$$

$$\longrightarrow C_6H_5CH_2CH_2CH_2\text{–}(CH_2)_5\text{–}CH_2\text{–}CO_2H$$

三、药品和仪器

药品：50g（0.248mmol）1，10-癸二酸，104g（0.74mmol）无水三氯化铝，1L 苯，300mL 醋酐，210g 85％水合肼，氢氧化钾 1500mL，一缩二乙二醇，盐酸。

仪器：圆底烧瓶，磁力搅拌器，冷凝管，蒸馏头，接受器，三口烧瓶，机械搅拌器，滴液漏斗，烧杯。

四、实验步骤

向500mL圆底烧瓶中加入50g（0.248mmol）1，10-癸二酸和300mL醋酐，使之溶于醋酐中，加入搅拌子，安装上回流冷凝管，开动搅拌，在油浴中加热回流。反应完毕后，直接减压旋干溶剂，得粗产品癸二酸酐，待用。在2L三口烧瓶上分别安装好机械搅拌器、滴液漏斗，另一口用胶塞塞住，并向其中加入500mL无水苯，一次性加入104g（0.74mmol）无水三氯化铝。在机械搅拌下将所制备的酸酐溶于500mL热的无水苯中，并将该溶液在室温下滴加到三氯化铝苯的悬浊液中。滴加完毕后，加热回流30min。冷却，缓慢地加入200mL水淬灭反应[1]，除去过量的苯，冷却后析出固体。得到中间产物的粗产品50g，不经过分离直接进行下一步反应。

将上面所得的中间产物的粗产品加入到装有210g 85%的水合肼和430g氢氧化钾的1500mL一缩二乙二醇溶液的1L的圆底烧瓶中，安装好回流冷凝管，加热该混合溶液至160℃，反应6h。冷却反应液，并转移到5L烧杯中加入2000mL水，再用4mol/L HCl进行酸化处理，有固体析出，过滤。滤饼用热水洗涤。然后再进行重结晶。得到产品化合物47g，产率77%。

五、注意事项

[1] 加水淬灭时注意要慢，以免冲料。

六、思考题

1. 在反应中醋酐的作用是什么？
2. 水合肼的作用是什么？
3. 为什么反应要用到无水苯？

实验二十九 反丁烯二酸的制备

一、实验目的

1. 熟悉该类取代反应的原理。
2. 掌握反丁烯二酸的制备方法。

二、实验原理

$$\begin{array}{l}CH_2COOH\\ |\\ CH_2COOH\end{array} \xrightarrow[Br_2]{PBr_3} BrOC-\underset{Br}{\overset{H}{C}}-CH_2COBr \xrightarrow{H_2O} \begin{array}{ccc}HOOC & & H\\ & C=C & \\ H & & COOH\end{array}$$

三、药品和仪器

药品：11.8g 丁二酸，21.2g 三溴化磷，30g（10mL）溴。

仪器：150mL 圆底烧瓶，三接口管，双口接管，回流冷凝管，液封机械搅拌器，滴液漏斗，布氏漏斗，吸滤瓶，烧杯。

四、实验步骤

将 150mL 圆底烧瓶放置在水浴上，装上液封机械搅拌器，滴液漏斗和回流冷凝管，冷凝管与溴化氢吸收瓶连接。向烧瓶内注入 11.8g 丁二酸[1]、21.2g 新蒸过的三溴化磷[2]。在搅拌下 2h 内滴加 30g（10mL）干燥的溴。此时反应物渐渐变稠以致难以搅拌。关掉搅拌器，加入剩余的溴，反应物放置过夜。

次日，将烧瓶置于水浴中加热，并搅拌 4h 至溴完全消失。控制加热强度，使溴蒸气不通过冷凝管。将反应所得的黏稠状液体倒入滴液漏斗中，缓缓滴加到 30mL 沸水内，沸水盛于装有双口接管和冷凝管的 150mL 圆底烧瓶中。当快加完时，开始析出反丁烯二酸结晶。溴衍生物全部加完以后，加水约 50mL，使沉淀在加热至沸时刚好完全溶解。煮沸 30min 后，迅速用布氏漏斗或砂芯漏斗过滤。待滤液冷却，析出反丁烯二酸的无色结晶。过滤结晶，得 2.5～3.0g。将母液置于水浴中浓缩至原体积的一半，析出第二部分结晶（若得到的结晶有颜色，可用水进行重结晶，加活性炭进行脱色）。当母液再次进行浓缩时，则析出少量的反丁烯二酸。

反丁烯二酸的产量为 5.9g（理论产量的 51%）。反丁烯二酸为无色结晶，当加热到 200℃以上时完全升华；在封闭的毛细管中于 286～287℃时熔化；难溶于水，17℃时在 100g 水中溶解 0.7g，100℃时溶解 9.8g；易溶于乙醇，难溶于乙醚。

五、注意事项

[1] 丁烯二酸应在 80℃烘箱中充分烘干，熔点应为 186℃。

[2] 三溴化磷容易用下面的方法制取：在装有搅拌器、滴液漏斗和冷凝管的 150mL 圆底烧瓶中，放置 4.1g 干燥的红磷和 25mL 二硫化碳。向此混合物中在 1.5h 内滴加 32.6g（10.5mL）干燥的溴和 20mL 二硫化碳配成的溶液。待混合物中的红磷全部溶解后，将直型冷凝管与反应瓶连接，在水浴上蒸去二硫化碳（小心！易燃!），然后在石棉网上蒸出三溴化磷，收集沸程为 170～173℃ 的馏分。纯三溴化磷的沸点为 172.9℃。

六、思考题

1. 溴一般都是用水封保存，但是这个反应中需要干燥的溴，应该采取什么方式干燥？

2. 反应中加入三溴化磷的目的是什么？有其他的替代试剂吗？

实验三十 肉桂酸的制备

一、实验目的

1. 通过肉桂酸的制备学习并掌握 Perkin 反应及其基本操作。

2. 掌握水蒸气蒸馏的原理、用处和操作。

3. 学习并掌握固体有机化合物的提纯方法：脱色、重结晶。

二、实验原理

$$C_6H_5\text{—}CHO + (CH_3CO)_2O \xrightarrow[150\sim170℃]{K_2CO_3} C_6H_5\text{—}CH\text{=}CH\text{—}COONa$$

$$C_6H_5\text{—}CH\text{=}CH\text{—}COONa \xrightarrow{HCl} C_6H_5\text{—}CH\text{=}CH\text{—}COOH$$

三、药品和仪器

药品：3mL（3.2g，0.03mol）苯甲醛，4.1g（0.03mol）无水碳酸钾，10.0g 无水碳酸钠，5.5mL（6.0g，0.05mol）乙酸酐，25mL 浓盐酸，活性炭。

仪器：250mL 三口烧瓶，空气冷凝管，温度计，直型冷凝管，接受弯头，锥形瓶，水蒸气发生器，玻璃漏斗，布氏漏斗，吸滤瓶，烧杯。

四、实验步骤

在 250mL 三口烧瓶[1] 中加入 4.1g 研细的无水碳酸钾[2]、3.0mL 新蒸馏的苯甲醛、5.5mL 乙酸酐，振荡使其混合均匀。三口烧瓶中间口接上空气冷凝管，侧口装上温度计，另一个用塞子塞住。加热使其回流，反应液始终保持在 150～170℃ 回流 1h。取下三口烧瓶，向其中加入 50mL 水，10.0g 碳酸钠，摇动烧瓶使固体溶解后进行水蒸气蒸馏。水蒸气蒸馏蒸到馏出液中无油珠为止。卸下水蒸气蒸馏装置。将烧瓶冷却后，加入 10%氢氧化钠水溶液，使生成的肉桂酸成盐而溶解。然后加入 15mL 水，加热煮沸。稍冷后加入 1.0g 活性炭，加热沸腾 2～3min，然后进行热过滤[3]。将滤液转移至干净的 200mL 烧杯中，慢慢地用浓盐酸[4] 进行酸化至明显的酸性（大约用 25mL 浓盐酸）。然后冷却，至肉桂酸充分析出后进行抽滤，晶体用少量冷水洗涤[5]。干燥，可得 2～2.5g 产品。

五、注意事项

[1] 反应所用仪器必须彻底干燥（包括称取苯甲醛和乙酸酐的量筒）。

[2] 可以用无水碳酸钾和无水醋酸钾作为缩合剂，但是不能用无水碳酸钠。

[3] 进行脱色操作时一定取下烧瓶，稍冷之后再加热活性炭。热过滤时必须是趁热过滤，布氏漏斗要事先预热，动作要快。

[4] 进行酸化时要慢慢加入浓盐酸，一定不要加入太快，以免产品冲出烧杯造成产品损失。

[5] 肉桂酸要结晶彻底，进行冷过滤，不能用太多水洗涤产品。

六、思考题

在 Perkin 反应中，如使用与酸酐不同的羧酸盐，会得到两种不同的芳基丙烯酸，为什么？

3.8 酯的制备

酯是重要的化工原料，它的用途相当广泛，可以用作香料、溶剂、增塑剂以及有机合成中间体，同时在涂料和医药行业也有重要的应用。

酯可由羧酸和醇在催化剂存在下直接酯化来制备，也可采用酰氯、酸酐和腈的醇解，有时也可利用羧酸盐与卤代烷或硫酸酯的反应。

在酸的催化下，醇与羧酸之间脱水的反应是一个可逆反应，常用的催化剂有浓硫酸、干燥的氯化氢、有机强酸、阳离子交换树脂和固体超强酸等。为了提高产率，常采用过量的羧酸或醇或者采用把体系中生成的酯或水移走的方法，使反应不断地向右进行。实验室中具体采用哪种方法取决于原料来源难易和操作难易等因素。

$$\mathrm{ROH + R'COOH \overset{H^+}{\rightleftharpoons} R'COOR + H_2O}$$

酰氯酯化法是合成羧酸酯应用最多的方法之一。该方法主要是先将有机酸转变为酰氯，酰氯再醇解得到相应的酯。酰化试剂有新制的二氯亚砜（$SOCl_2$）、草酰氯（$C_2O_2Cl_2$）、光气（$COCl_2$）等。在实验室中，比较常见的是采用 $SOCl_2$ 作为酰化试剂。$SOCl_2$ 酰氯酯化法的优点是生成酯时的副产物是 HCl 和 SO_2，均为气体 [需要用碱来吸收如吡啶、三乙胺（TEA）、DMAP、*N*，*N*′-二甲苯胺等]，有利于分离，且酯的产率较高。其缺点是反应所使用的仪器必须是干燥的，酰氯遇水易发生分解，因此反应必须在无水条件下完成。

$$\mathrm{R{-}\overset{O}{\overset{\|}{C}}{-}OH \xrightarrow{SOCl_2} R{-}\overset{O}{\overset{\|}{C}}{-}Cl \xrightarrow[Et_3N\ 或\ 吡啶]{R'OH} R{-}\overset{O}{\overset{\|}{C}}{-}OR'}$$

酸酐与醇之间发生反应制备酯也是常用的方法，酸酐的活性低于酰氯。该方法一般用于双羧酸官能团物质与单羟基的醇或酚反应，制得单羧酸酯，且保留一个羧酸，可进一步酯化或酰胺化。但由于酸酐化合物种类较少，限制了它的更进一步应用。

实验三十一 乙酸乙酯的制备

一、实验目的

1. 验证酯化反应。

2. 学会控制可逆反应。

二、实验原理

在浓硫酸催化下，乙酸和乙醇生成乙酸乙酯：

$$CH_3COOH + CH_3CH_2OH \xrightleftharpoons[110\sim120℃]{H_2SO_4} CH_3COOC_2H_5 + H_2O$$

为了提高酯的产量，本实验采取加入过量乙醇及不断把反应中生成的酯和水蒸出的方法。在工业生产中，一般采用加入过量的乙酸，以便使乙醇转化完全，避免由于乙醇和水及乙酸乙酯形成二元或三元恒沸物给分离带来困难。

三、药品和仪器

药品：15g（14.3mL，0.025mol）冰醋酸，18.4g（23mL，0.037mol）95%乙醇，浓硫酸，饱和碳酸钠，饱和氯化钙水溶液，饱和氯化钠水溶液，无水硫酸镁。

仪器：圆底烧瓶，三口烧瓶，磁力搅拌器，滴液漏斗，蒸馏头，冷凝管，接受器，烧杯。

四、实验步骤

在100mL圆底烧瓶中加入14.3mL冰醋酸和23mL乙醇，在摇动下慢慢加入7.5mL浓硫酸，混合均匀后加入几粒沸石，装上回流冷凝管。在水浴上加热回流0.5h。稍冷后，改为蒸馏装置，在水浴上加热蒸馏，直至在沸水浴上不再有馏出物为止，得粗乙酸乙酯。在摇动下慢慢向粗产物中加入饱和碳酸钠水溶液，直至不再有二氧化碳气体逸出，有机相对pH试纸呈中性为止。将液体转入分液漏斗中，摇振后静置，分去水相，有机相用10mL饱和食盐水洗涤后[1]，再用饱和氯化钙溶液洗涤两次，每次10mL。弃去下层液，酯层转入干燥的锥形瓶用无水硫酸镁干燥[2]。

将干燥后的粗乙酸乙酯滤入50mL蒸馏瓶中，在水浴上进行蒸馏，收集73～78℃馏分[3]，产量10～12g。

纯粹乙酸乙酯的沸点为77.06℃，折射率$n_D^{20}=1.3727$。

五、注意事项

[1] 碳酸钠必须洗去，否则下一步用饱和氯化钙溶液洗去醇时，会产生絮状的碳酸

钙沉淀，造成分离困难。同时为减少酯在水中的溶解（每 17 份水溶解一份乙酸乙酯），所以先用饱和食盐水洗。

［2］由于水与乙醇、乙酸乙酯形成二元或三元恒沸物，故在未干燥前已是清亮透明溶液。因此，不能以产品是否透明作为是否干燥好的标准，应以干燥剂加入后吸水情况而定，并放置 30min，其间要不时摇动。若洗涤不净或干燥不够时，会使沸点降低，影响产率。

［3］乙酸乙酯与水或醇形成二元或三元共沸物的组成及沸点见表 3.2。

表 3.2　乙酸乙酯与水或醇形成共沸物的组成及沸点

沸点/℃	组成/%		
	乙酸乙酯	乙醇	水
70.2	82.6	8.4	9.0
70.4	91.9	—	8.1
71.8	69.0	31.0	—

六、思考题

1. 酯化反应有什么特点，本实验如何创造条件促使酯化反应尽量向生成物方向进行？

2. 本实验可能有哪些副反应？

3. 如果采用醋酸过量是否可以？为什么？

实验三十二　乙酸正丁酯的制备

一、实验目的

1. 验证酯化反应。
2. 学会控制可逆反应。
3. 掌握水分离器（分水器）的使用。

二、实验原理

乙酸正丁酯是一种无色透明液体，具有强烈香蕉香味，主要用于配制香蕉、梨、菠萝、杏、桃和草莓等型香精，亦可用作合成树脂的溶剂。它可通过酯化反应制备。

$$CH_3COOH + n\text{-}C_4H_9OH \xrightleftharpoons{H_2SO_4} CH_3COOC_4H_9 + H_2O$$

三、药品和仪器

药品：9.3g（11.5mL，0.125mol）正丁醇，7.5g（7.2mL，0.125mol）冰醋酸，

浓硫酸，10%碳酸钠溶液，无水硫酸镁。

仪器：圆底烧瓶，可加热磁力搅拌器，冷凝管，水分离器，烧杯，量筒，分液漏斗，锥形瓶。

四、实验步骤

在干燥的50mL圆底烧瓶中，装入11.5mL正丁醇和7.2mL冰醋酸，再加入3～4滴浓硫酸[1]。混合均匀，加入搅拌子，安装分水器，预先加水至略低于支管口及回流冷凝管。装置图见实验二十中图3.2。开动搅拌加热回流，反应一段时间后把水逐渐分去[2]，保持分水器中水层液面在原来的高度。约40min后不再有水生成，表示反应完毕。停止加热，记录分出的水量[3]。冷却后卸下回流冷凝管，把分水器分出的酯层和圆底烧瓶中的反应液一起倒入分液漏斗中。用10mL水洗涤，分去水层；酯层用10mL10%碳酸钠溶液洗涤至中性，分去水层；将酯层再用10mL水洗涤一次，分去水层；将酯层倒入小锥形瓶中，加入少量无水硫酸镁干燥。

将干燥后的乙酸正丁酯滤入干燥的圆底烧瓶中，加入搅拌子，加热蒸馏。收集124～126℃的馏分。

五、注意事项

[1] 浓硫酸在反应中起催化作用，故只需少量。

[2] 本实验利用恒沸混合物除去酯化反应中生成的水。正丁醇、乙酸正丁酯和水可形成以下几种恒沸混合物，冷凝为液体时，分为两层，上层为含水量少的酯和醇，下层主要是水（见表3.3）。

表3.3 几种恒沸混合物的沸点及其组分

恒沸混合物		沸点/℃	质量分数/%		
			乙酸正丁酯	正丁醇	水
二元	乙酸正丁酯-水	90.7	72.9	—	27.1
	正丁醇-水	93	—	55.5	44.5
	乙酸正丁酯-正丁醇	117.6	32.8	67.2	
三元	乙酸正丁酯-正丁醇-水	90.7	63.0	8.0	29.0

[3] 根据分出的总水量（注意扣去预先加到分水器中的水量），可以粗略地估计酯化反应完成的程度。

六、思考题

1. 酯化反应有哪些特点？本实验中如何提高产品收率？又如何加快反应速度？

2. 计算反应完全时应分出多少水？水分离器中预先应加多少水？

实验三十三　苯甲酸乙酯的制备

一、实验目的

1. 掌握酯化反应原理，及苯甲酸乙酯的制备方法。
2. 复习水分离器（分水器）的使用及液体有机化合物的精制方法。

二、实验原理

$$PhCOOH + C_2H_5OH \xrightleftharpoons[\text{苯}]{H_2SO_4} PhCO_2C_2H_5 + H_2O$$

三、药品和仪器

药品：4g（0.033mol）苯甲酸，10mL（0.17mol）无水乙醇，1.5mL 浓硫酸，碳酸钠，无水氯化钙，7.5mL 苯，10mL 乙醚。

仪器：圆底烧瓶，水分离器，回流冷凝管，分液漏斗，锥形瓶。

四、实验步骤

在 50mL 圆底烧瓶中加入 4g 苯甲酸、10mL 无水乙醇、7.5mL 苯、1.5mL 浓硫酸，摇匀，加搅拌子，安装上分水器、回流冷凝管。水浴上回流约 2h，至分水器中层液体约 3mL 停止。记录体积，继续蒸出多余的苯和乙醇（从分水器中放出），移去火源。反应瓶加 30mL 水后，分批加入固体碳酸钠中和至中性，除去 2 种酸，即硫酸、苯甲酸。分液，水层用 10mL 乙醚萃取。合并有机层，用无水氯化钙干燥。回收乙醚，加热蒸馏，收集 210～213℃馏分。$n_D^{20}=1.504$。

五、思考题

1. 本实验采用何种措施提高酯的产率？
2. 为什么采用分水器除水？
3. 何种原料过量？为什么？为什么要加苯？
4. 浓硫酸的作用是什么？常用酯化反应的催化剂有哪些？

实验三十四 阿司匹林(Aspirin)的合成

一、实验目的

1. 了解乙酰水杨酸的应用价值。
2. 掌握酰化反应原理和药物阿司匹林的合成方法。
3. 复习抽滤等基本操作，学习用混合溶剂进行重结晶的方法。

二、实验原理

水杨酸及其衍生物许多具有镇痛及解热的功用，是最早应用于治疗方面的有机合成药品。早在18世纪，人们已从柳树皮中提取水杨酸，并发现它可作为止痛、退热和抗炎药，但对胃刺激较大。19世纪末，终于成功合成了替代水杨酸的有效药物——乙酰水杨酸（阿司匹林）。到目前，它仍是一个广泛使用的感冒药，并发现它有抑制诱发心脏病，防止血栓症和中风等新的功能，故可用于预防脑血栓、心梗等常见老年病的发生。

水杨酸是一个具有酚羟基和羧基双官能团的化合物，能进行两种不同的酯化反应，如与乙酸酐等酰化试剂反应时，可以得到乙酰水杨酸，即阿司匹林；如与过量的甲醇反应，生成水杨酸甲酯。水杨酸甲酯是第一个从冬青树的香味中发现的成分，故俗称为冬青油。

制备乙酰水杨酸最常用的方法是水杨酸与乙酐或乙酰氯作用，使水杨酸分子中酚羟基的氢原子被乙酰基取代，属于乙酰化反应。用乙酰氯时，反应虽快，但它在空气中极易水解产生刺激的HCl气体。用乙酐时，反应必须用催化剂，以破坏水杨酸分了内的氢键，否则反应必须加热到150～160℃。反应常用的催化剂是磷酸或硫酸，反应式如下：

$$\text{C}_6\text{H}_4(\text{OH})\text{COOH} + (\text{CH}_3\text{CO})_2\text{O} \xrightarrow{\text{H}^+} \text{C}_6\text{H}_4(\text{OCOCH}_3)\text{COOH} + \text{CH}_3\text{COOH}$$

分子量　138.12　　　　180.15

三、药品和仪器

药品：2g水杨酸，5mL乙酐，85%磷酸，95%乙醇，10%三氯化铁溶液。

仪器：锥形瓶，烧杯，10mL量筒，温度计，水浴锅，玻璃棒，软木塞，试管夹，布氏漏斗，吸滤瓶。

四、实验步骤

1. 制备乙酰水杨酸

在50mL或100mL干燥的锥形瓶里，加入2g水杨酸，用干燥量筒把5mL乙酐分成小量慢慢加入（注意将瓶壁上的水杨酸冲到瓶底），再加入5滴浓磷酸（85%）用试管夹夹住锥形瓶瓶颈，以免打翻瓶子，用软木塞盖住瓶口（不可紧塞），将这混合物在80～90℃[1] 的热水浴中加热15min左右（不断摇动以使反应完成）。15min后停止加热，从水浴中取出锥形瓶并加入2mL水，使过量乙酐水解，加水时不能使瓶口正对人，以免发生意外[2]。水解反应完毕后，再加入20mL水稀释溶液，冷却至室温，晶体析出[3]（用玻璃棒不时刮动锥形瓶壁，使有更多的结晶析出）。当大部分白色结晶析出后，再在冰水浴中彻底冷却，使结晶完全。抽滤，压碎晶体，抽干，用少量水洗涤，得到乙酰水杨酸粗产品。

2. 产品检验[4, 5]

取极少量产品分散于1mL去离子水中，加入 $FeCl_3$ 溶液1滴，立即观察颜色，若产品纯度不够，则溶液显色，需要重结晶以精制产品。

3. 用混合溶剂将乙酰水杨酸进行重结晶

将粗制的乙酰水杨酸放在一干净小烧杯中，加入3mL乙醇（95%），在水浴中温热使其溶解（如不溶则酌情加少许乙醇），再加入6～7mL去离子水，继续加热1min。取下，在冰水浴中冷却使结晶完全析出后抽滤，用少量去离子水洗涤结晶，抽干。从布氏漏斗中取出少许精制品，用 $FeCl_3$ 溶液检验[5]，并与粗制品的检验结果对比，检验纯度如达不到要求，应继续洗涤。干燥，称重并计算产率。

产率计算：$产率=\frac{实际产量}{理论产量}\times 100\%$

4. 鉴定

① 测定产品乙酰水杨酸的熔点（参见实验二）；

② 产品通过TLC测定（戊烷：乙酸乙酯=8：2，体积比）纯度；

③ 测定红外谱图，与标准谱图比较[5]。

五、注意事项

［1］反应温度不宜过高，超过90℃就有副产物—缩二水杨酸生成。

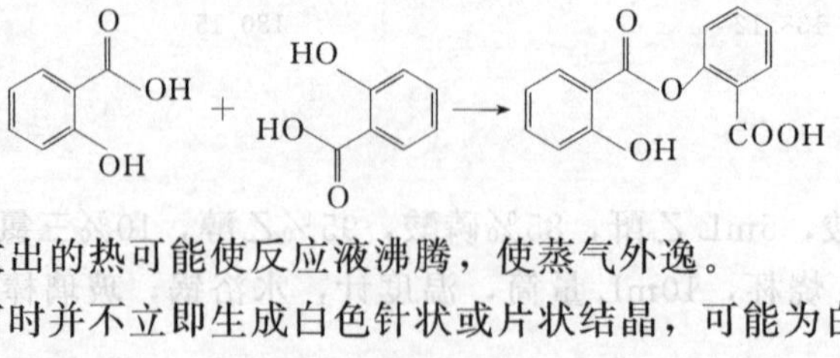

［2］乙酐水解放出的热可能使反应液沸腾，使蒸气外逸。

［3］反应产物有时并不立即生成白色针状或片状结晶，可能为白色粉末状沉淀，甚至为油状物，此油状物是乙酐和乙酰水杨酸的混合物，待搅动乙酐水解后，乙酰水杨酸就会析出。

［4］水杨酸为无色或白色针状晶体，熔点158℃，易升华，易溶于醇、醚中，能溶于水（25℃时100mL水可溶解2.6g），与 $FeCl_3$ 溶液作用呈紫色。

［5］乙酰水杨酸为无色或白色针状晶体，高温时易分解，熔点135～136℃，易溶

于醇、醚中，微溶于水（25℃时100mL水中溶解0.25g）。不会与$FeCl_3$显色。

六、思考题

1.写出乙酰氯作乙酰化剂备乙酰水杨酸的反应式。

2.此反应的容器为什么必须保持干燥？

3.在反应完成后，必须加水使多余乙酐水解。为什么不一次加水22mL，却是分次加水（第一次加水2mL，第二次加水20mL）。

4.阿司匹林在沸水中受热时，分解而得到一种溶液，后者对三氯化铁呈阳性试验，试解释之。

实验三十五 乙酰乙酸乙酯的制备

一、实验目的

1.学习由Claisen酯缩合反应制备乙酰乙酸乙酯。

2.学习钠珠的制备方法。

3.巩固减压蒸馏操作。

二、实验原理

$$2CH_3COOCH_2CH_3 \xrightarrow{NaOCH_2CH_3} Na^+ \ [CH_3COCHCOOC_2H_5]^-$$

$$\xrightarrow{HOAc} CH_3COCH_2COOC_2H_5 + NaOAc$$

三、药品和仪器

药品：25g（27.5mL，0.38mol）乙酸乙酯[1]，2.5g（0.11mol）金属钠[2]，12.5mL二甲苯，醋酸，饱和氯化钠溶液，无水硫酸钠。

仪器：圆底烧瓶，冷凝管，干燥管，分液漏斗，烧杯，锥形瓶，蒸馏头，多尾接受器，真空泵。

四、实验步骤

在干燥的100mL圆底烧瓶中加入2.5g金属钠和12.5mL二甲苯，装上冷凝管，在石棉网上小心加热使钠熔融。立即拆去冷凝管，用橡皮塞塞紧圆底烧瓶，用力来回摇振，即得细粒状钠珠。稍经放置后钠珠即沉于瓶底，将二甲苯倾泻出后倒入公用回收瓶（切勿倒入水槽或废物缸，以免引起火灾）后，迅速向瓶中加入27.5mL乙酸乙酯，重新装上冷凝管，并在其顶端装一氯化钙干燥管。反应随即开始，并有氢气泡逸出。如反应不开始或很慢时，可稍加温热。待激烈的反应过后，将反应瓶在石棉网上用小火加热（小心!）保持微沸状态，直到所有金属钠几乎全部作用完为止[3]，反应约需 1.5h。此时生成的乙酰乙酸乙酯钠盐为橘红色透明溶液（有时析出黄白色沉淀）。待反应物稍冷后，在摇荡下加入 50％的醋酸溶液，直到反应液呈弱酸性为止（约需 15mL）[4]。此时，所有的固体物质均已溶解。将反应物转入分液漏斗，加入等体积的饱和氯化钠溶液，用力摇荡片刻，静置后，分出乙酰乙酸乙酯层（哪一层?）。用无水硫酸钠干燥后滤入蒸馏瓶，并用少量乙酸乙酯洗涤干燥剂。在沸水浴上蒸去未作用的乙酸乙酯，将剩余液移入 25mL 蒸馏瓶进行减压蒸馏[5]，减压蒸馏时须缓慢加热，待残留的低沸物蒸出后，再升高温度，收集乙酰乙酸乙酯，产量约 6g[6]。

纯粹乙酰乙酸乙酯的沸点为 180.4℃，折射率 $n_D^{20}=1.4192$。

乙酰乙酸乙酯沸点与压力的关系见表 3.4。

表 3.4　乙酰乙酸乙酯沸点与压力的关系

压力/mmHg	760	80	60	40	30	20	18	14	12
沸点/℃	181	100	97	92	88	82	78	74	71

五、注意事项

[1] 乙酸乙酯必须绝对干燥，但其中应含有 1％～2％的乙醇。其提纯方法如下：

将普通乙酸乙酯用饱和氯化钙溶液洗涤数次，再用烘焙过的无水碳酸钾干燥，在水浴上蒸馏，收集 76～78℃馏分。

[2] 金属钠遇水即燃烧、爆炸，故使用时应严格防止与水接触。在称量或切片过程中应当迅速，以免空气中水汽侵蚀或被氧化。

[3] 一般要使钠全部溶解，但很少量未反应的钠不妨碍进一步操作。

[4] 用醋酸中和时，开始有固体析出，继续加酸并不断振摇，固体会逐渐消失，最后得到澄清的液体。如尚有少量固体未溶解时，可加少许水使其溶解。但应避免加入过量的醋酸，否则会增加酯在水中的溶解度而降低产量。

[5] 乙酰乙酸乙酯在常压蒸馏时，很易分解而降低产量。

[6] 产量是按钠计算的。本实验最好连续进行，如间隔时间太久，会因去水乙酸的生成而降低产量。

$$\xrightarrow{-2CH_3CH_2OH}$$

烯醇式　　酮式　　去水乙酸

六、思考题

1. Claisen 酯缩合反应的催化剂是什么？本实验为什么可以用金属钠代替？
2. 本实验中加入 50％醋酸溶液和饱和氯化钠溶液的目的何在？

3. 什么叫互变异构现象？如何用实验证明乙酰乙酸乙酯是两种互变异构体的平衡混合物？

4. 写出下列化合物发生 Claisen 酯缩合反应的产物。

A. 苯甲酸乙酯和丙酸乙酯

B. 苯甲酸乙酯和苯乙酮

C. 苯乙酸乙酯和草酸乙酯

3.9　坎尼扎罗反应（Cannizzaro 反应）

意大利化学家斯坦尼斯劳·坎尼扎罗在 1895 年通过用草木灰处理苯甲醛，得到了苯甲酸和苯甲醇，首先发现了这个反应，由此而称坎尼扎罗反应。不含 α-氢原子的脂肪醛、芳醛或杂环醛类在浓碱作用下醛分子自身同时发生氧化与还原反应，生成相应的羧酸（在碱溶液中生成羧酸盐）和醇的歧化反应。

在强碱作用下发生分子内和分子间氧化还原反应，生成一分子羧酸和一分子醇。首先发生碱对羰基的亲核加成，由于氧原子带有负电荷，具有供电性，使得邻位碳原子排斥电子的能力大大增强，碳上的氢带着一对电子以氢负离子的形式转移到醛的羰基碳上，形成一个醇盐负离子和一个羧酸。醇盐负离子具有碱性，容易与羧酸的氢结合变成醇，羧酸则以负离子的形式存在。

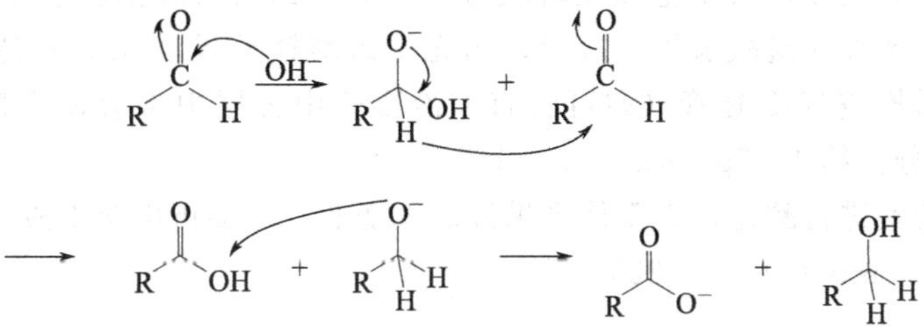

当两种不同的没有 α-氢的醛之间进行歧化反应时，通常情况下得到的是混合物，则该反应无意义。但当两种醛中，其中一个为甲醛时，在进行歧化反应时，总是甲醛变成甲酸，而另外一种醛变为醇。

实验三十六　苯甲酸和苯甲醇的制备

一、实验目的

1. 熟悉 Cannizzaro 反应原理，掌握苯甲酸和苯甲醇的制备方法。

2. 复习分液漏斗的使用及重结晶、抽滤等操作。

二、实验原理

主反应：

$$2\ C_6H_5-CHO \xrightarrow[\triangle]{NaOH} C_6H_5-CH_2OH + C_6H_5-COONa$$

$$C_6H_5-COONa \xrightarrow{HCl} C_6H_5-COOH$$

副反应：

$$C_6H_5-CHO \xrightarrow{O_2} C_6H_5-COOH$$

三、药品和仪器

药品：10mL（0.118mol）苯甲醛，9g（0.225mol）氢氧化钠，30mL 乙醚，饱和亚硫酸氢钠溶液，10%碳酸钠，浓盐酸，无水硫酸镁。

仪器：锥形瓶，分液漏斗，空气冷凝管，蒸馏装置。

四、实验步骤

在125mL 锥形瓶中，加9g 氢氧化钠，9mL 水和10mL 苯甲醛，由于反应是两相反应，反应过程中需要不断振摇，直至得白色糊状物。加水，使糊状物刚好溶解后，将该溶液转移到分液漏斗中，用乙醚进行萃取三次，每次10mL（萃取苯甲醇），合并有机相，水层保留。有机相依次用饱和亚硫酸氢钠溶液、10%碳酸钠、水各5mL 洗涤，分别除去苯甲醛、酸性亚硫酸氢钠、盐后，用无水硫酸镁干燥0.5h，过滤后热水浴蒸馏回收乙醚，然后换空气冷凝管（亦可将直型冷凝管中夹层中水放掉代替）收集200～204℃苯甲醇馏分。约4～5g，$n_D^{20}=1.5396$。

水相用浓盐酸进行酸化，直至使刚果红试纸变蓝，冷却析出苯甲酸。必要时用水重结晶。约8～9g，mp 为121～122℃。

五、思考题

1. 加料时为什么要振摇锥形瓶？白色糊状物是什么？

2. 各步洗涤分别除去什么？

3. 萃取后的水溶液，酸化到中性是否最合适？为什么？不用试纸，怎样知道酸化已恰当？

实验三十七　呋喃甲醇与呋喃甲酸的制备

一、实验目的

1. 学习由 Cannizzaro 反应制备呋喃甲醇和呋喃甲酸。

2. 巩固重结晶操作。

二、实验原理

$$2\ \text{(呋喃环)}\text{—CHO} + \text{NaOH} \longrightarrow \text{(呋喃环)}\text{—COONa} + \text{(呋喃环)}\text{—CH}_2\text{OH}$$

$$\downarrow$$

$$\text{(呋喃环)}\text{—COOH}$$

三、药品和仪器

药品：19g（16.4mL，0.2mol）呋喃甲醛[1]（新蒸），8g（0.2mol）氢氧化钠，乙醚，盐酸，无水碳酸钾。

仪器：圆底烧瓶，冷凝管，真空泵。

四、实验步骤

在250mL烧杯中，放置16.4mL呋喃甲醛，将烧杯浸于冰水中冷却。另取8g氢氧化钠溶于12mL水中，冷却后，在搅拌下，用滴管将氢氧化钠溶液滴加到呋喃甲醛中。滴加过程必须保持反应混合物温度在8～12℃之间[2]。加完后，仍保持此温度继续搅拌1h，反应即可完成，得一米黄色浆状物[3]。

在搅拌下向反应混合物加入适量的水，使沉淀恰好完全溶解[4]，此时溶液呈暗红色。将溶液转入分液漏斗中，用乙醚萃取4次每次15mL。合并醚萃取液，用无水碳酸钾干燥，过滤后，先在热水浴中蒸去乙醚，然后在石棉网上加热蒸馏呋喃甲醇，收集169～172℃馏分，产量6～7g。

纯粹呋喃甲醇为无色透明液体，沸点171℃，折射率 $n_{\mathrm{D}}^{20}-1.4868$。

乙醚提取后的水溶液在搅拌下慢慢加入浓盐酸，至刚果红试纸变蓝[5]（约需5mL）。冷却结晶，抽滤，产物用少量冷水洗涤，抽干后收集产品。粗产物用水重结晶[6]，得白色针状呋喃甲酸，产量约8g，熔点133～134℃。

纯粹呋喃甲酸熔点为133～134℃[7]。

五、注意事项

[1] 呋喃甲醛存放过久会变成棕褐色甚至黑色，同时往往含有水分，因此使用前需蒸馏提纯，收集155～162℃馏分，最好在减压下蒸馏，收集54～55℃/2.27kPa（17mmHg）馏分。新蒸的呋喃甲醛为无色或淡黄色液体。

[2] 反应温度若高于12℃，则反应温度极易升高而难以控制，致使反应液变成深红色；若低于8℃，则反应过慢，可能积累一些氢氧化钠，一旦发生反应，则过于猛烈，易使温度迅速升高，增加副反应，影响产量及纯度。自氧化还原反应是在两相间进行的，因此必须充分搅拌。该反应也可在相同条件下采取反加的方法，将呋喃甲醛滴加到氢氧化钠溶液中，反应较易控制，产率相仿。

[3] 加完氢氧化钠溶液后，若反应液已变成黏稠物而无法搅拌时，就不需继续搅拌即可往下进行。

[4] 加水过多会损失一部分产品。

[5] 酸要加够，以保证 pH＝3 左右，使呋喃甲酸充分游离出来，这步是影响呋喃甲酸收率的关键。

[6] 结晶呋喃甲酸粗品时，不要长时间加热回流。如长时间加热回流，部分呋喃甲酸会被分解，出现焦油状物。

[7] 测定熔点时，约于 125℃开始软化，完全熔融温度约为 132℃。一般实验产品熔点约为 130℃。

六、思考题

1. 试比较 Cannizzaro 反应与羟醛缩合反应在醛的结构上有何不同？

2. 本实验根据什么原理来分离和提纯呋喃甲醇和呋喃甲酸这两种产物？

3. 用浓盐酸将乙醚萃取后的呋喃甲酸水溶液酸化至中性是否适当？为什么？若不用刚果红试纸，你将如何判断酸化是否恰当？

3.10 芳香化合物的亲电取代反应

芳香亲电取代反应是指芳香环系上的取代基（通常是氢原子）被亲电试剂取代的反应。该反应中最重要的类型包括芳香环系的硝化反应、卤代反应、磺化反应以及傅-克反应。

芳香系亲电取代机理一致，下图给出了苯环的一般历程，亲电基团首先与芳香环电子结合形成 π 络合物，之后再过渡到一个中间体 σ 络合物。最后当新基团亲电能力强于氢离子时，就会从芳香环上脱去氢离子完成反应。

+ E^+ → E^+ → E → E

π 络合物　σ 络合物

环上取代基分为邻对位定位基和间位定位基。当苯环上有同类定位存在时，新引入基团进入的位置取决于定位能力强的基团；当环上有不同类定位基时，新引入基团进入邻对位定位基的邻位或对位。

实验三十八　邻硝基甲苯，对硝基甲苯和2,4-二硝基甲苯的制备

一、实验目的

1. 验证甲苯的硝化反应。

2. 复习减压蒸馏操作。

二、实验原理

CH_3 $\xrightarrow{HNO_3/H_2SO_4}$ CH_3, NO_2 + CH_3, NO_2, NO_2 + CH_3, NO_2 +副产物

三、药品和仪器

药品：9.21g（10.6mL，100mmol）无水甲苯，12.5mL（228mmol）浓硫酸，10.6mL（153mmol）浓硝酸，氢氧化钠溶液（2mol/L），环己烷，碳酸氢钠，无水硫酸钠，乙醇，甲醇，氯化钠。

仪器：250mL广口锥形瓶，250mL三口烧瓶，分液漏斗，温度计，洗瓶2个，接头转换器和软管接头，恒压滴液漏斗，布氏漏斗，吸滤瓶，真空泵，蒸馏装置，干燥器，可加热磁力搅拌器（带搅拌子），旋转蒸发仪，冰浴或冰盐浴，油浴。

四、实验步骤

1. 混酸的制备

在250mL广口锥形瓶中加入10.6mL（153mmol）浓硝酸，冰浴冷却。在冰浴冷却和不断地摇动下，将12.5mL（228mmol）浓硫酸缓慢地加入浓硝酸当中。在冰盐浴中冷却该混酸溶液至−5℃。

在250mL三口烧瓶中放入搅拌子，三个口上分别安装上温度计，恒压滴液漏斗和弯接头，弯接头上连有橡皮管（导出可能产生的二氧化氮和四氧化二氮气体），橡皮管的另一头连接洗瓶1，洗瓶1与盛有100mL氢氧化钠溶液的洗瓶2相连。

在三口烧瓶中加入9.21g（10.6mL，100mmol）甲苯[1]（金属钠回流除水重新蒸馏）。用冰盐浴冷却反应瓶至−10℃，将冷却的混酸分批加入到恒压滴液漏斗中（不要一次性全部转移至滴液漏斗中，避免混酸温度上升）并滴加入反应瓶，滴加过程中保持瓶内反应液温度低于5℃。混酸全部加入需要大约1.5h。滴加完毕后，冰浴中静置自然升至室温。升温速度要慢，避免形成大量的二氧化氮和四氧化二氮混合气体。达到室温后，继续搅拌2h。

2. 后处理

将反应混合液倒入盛有50g碎冰的烧杯中，然后倒入分液漏斗。用40mL环己烷萃取一次，分液后，水相再用环己烷萃取两次（每次用量10mL）。合并有机相，依次用10mL水、10mL饱和碳酸氢钠溶液，10mL水洗涤。有机相用无水硫酸钠干燥（1～2药匙）。过滤除去干燥剂，旋转蒸发除去溶剂，得到油状粗产物[2] 10.1g。

在15mmHg下对粗产物进行减压蒸馏提纯，接受瓶必须冷却。接受沸程100～130℃（15mmHg）的馏分，得到8.50g黄色液体和1.30g固体剩余物。液体产物在−20℃下会有晶体析出，用冷的布氏漏斗进行过滤，得到的固体用少量甲醇进行重结

晶，必要的话可以多次重结晶。

产量：1.80g（13.1mmol，13%）4-硝基甲苯，mp 49℃。

用少量乙醇对固体剩余物进行重结晶，布氏漏斗过滤收集晶体，在有变色硅胶的真空干燥器中干燥。

产率：500mg（2.75mmol，3%）2，4-二硝基甲苯，mp 69℃。

五、注意事项

[1] 投料降至10mmol时无法得到产品，由于量少，导致无法分离得到纯的异构体产物。

[2] 由于产品的分离不完全，导致2-硝基甲苯的产率不稳定。

六、思考题

1. 混酸制备过程中，为什么要控制反应温度在零下5℃？
2. 反应产生的废酸可否重复利用？
3. 在该反应过程中硫酸的作用是什么？

实验三十九　邻硝基苯酚和对硝基苯酚的制备

一、实验目的

1. 学习邻硝基苯酚和对硝基苯酚的制备方法。
2. 掌握水蒸气蒸馏操作。

二、实验原理

羟基是使苯环强活化的邻对位定位基，再引入新的基团时进入羟基的邻位或对位。

$$C_6H_5OH + 2HNO_3 \longrightarrow o\text{-}O_2NC_6H_4OH + p\text{-}O_2NC_6H_4OH + 2H_2O$$

三、药品和仪器

药品：4.5g（0.045mol）苯酚，5.7g（4mL，0.09mol）浓硝酸（$d=1.42$），苯，盐酸。

仪器：搅拌器，滴液漏斗，水蒸气发生器，三口烧瓶，冷凝管，蒸馏头，接受器，圆底烧瓶，温度计。

四、实验步骤

在100mL三口烧瓶中加入4.5g苯酚[1]，0.5mL水和15mL苯，装上温度计和滴液漏斗，滴液漏斗中放置4mL浓硝酸。将三口烧瓶置于冰水浴中冷却，待瓶内混合物温度降到10℃以下时，开动搅拌，自滴液漏斗逐渐滴入浓硝酸，立即发生剧烈的放热反应，滴加速度以维持反应温度在5～10℃之间为宜[2]。加完浓硝酸后，将三口烧瓶继续在冰水浴中冷却5min，然后再在室温放置1h，使反应完全。重新将三口烧瓶置于冰水浴中冷却，对硝基苯酚即成晶体析出[3]。抽滤，晶体用10mL苯洗涤（滤液和苯洗液中含邻硝基苯酚和2，4-二硝基苯酚，切勿弃去）。粗对硝基苯酚可用2%盐酸或苯重结晶。

将滤液和苯洗涤液置于分液漏斗中，分去含酸的水层，苯层转入圆底烧瓶中，加入15mL水，按图2.12水蒸气蒸馏装置进行水蒸气蒸馏。当苯全部蒸出后[4]，更换接受器，继续水蒸气蒸馏，蒸出邻硝基苯酚[5]。冷却馏出液，抽滤收集邻硝基苯酚。干燥后测熔点。若熔点较低，可用乙醇-水重结晶[6]。

蒸馏瓶残液中主要含2,4-二硝基苯酚，因其毒性很大，且能渗过皮肤被人吸收，故应加入10mL 1%氢氧化钠溶液作用后倒入废物缸。

五、注意事项

[1] 苯酚室温时为固体（熔点41℃），可用温水浴温热熔化，加水可降低酚的熔点，使呈液态，有利于反应。苯酚对皮肤有较大的腐蚀性，如不慎弄到皮肤上，应立即用肥皂和水冲洗，最后用少许乙醇擦洗至不再有苯酚味。

[2] 由于酚和酸不互溶，故须不断振荡使其充分接触，达到反应完全，同时可防止局部过热现象。温度超过20℃时，硝基酚可继续硝化或被氧化，使产量降低；若温度较低，则对硝基苯酚所占比例有所增加。

[3] 因苯的凝固点为5.5℃，故不宜过分冷却，以免苯一起析出。

[4] 苯和水形成共沸混合物，沸点69.4℃可先被蒸出。当冷凝管中刚出现黄色时即示苯已蒸完，应立即调换接受器。蒸出的苯应倒入回收瓶中。

[5] 水蒸气蒸馏时，往往由于邻硝基苯酚的晶体析出而堵塞冷凝管。此时必须关小冷凝管进水，让热的蒸汽通过使其熔化，然后再慢慢开大水流，以免热的蒸汽使邻硝基苯酚伴随逸出。

[6] 先将粗邻硝基苯酚溶于热的乙醇（约40～50℃）中，过滤后，滴入温水至出现浑浊。然后再在温水浴（40～50℃）温热或滴入少量乙醇至清，冷却后即析出亮黄色针状的邻硝基苯酚。

六、思考题

1.本实验有哪些可能的副反应？如何减少这些副反应的发生？

2.试比较苯、硝基苯、苯酚硝化的难易性，并解释其原因。

3.为什么邻和对硝基苯酚可采用水蒸气蒸馏来加以分离？

4.为什么在纯化固体产物时，总是先用其他方法除去副产物、原料和杂质后，再进行重结晶来提纯？反应完后直接用重结晶来提纯行吗？为什么？

3.11 胺类的制备及反应

胺类广泛存在于生物界，具有极重要的生理活性和生物活性，如蛋白质、核酸、许多激素、抗生素和生物碱等都是胺的复杂衍生物，临床上使用的大多数药物也是胺或者胺的衍生物，因此掌握胺的性质和合成方法是研究这些复杂天然产物及更好地维护人类健康的基础。

胺类的制备主要通过腈、酰胺、脎等还原反应进行，也可以由醛酮的还原胺化反应制得。Hofmann 降解、Curtius 反应、Schmidt 反应以及 Gabriel 合成法都可以制备胺类化合物。芳香族胺的一个重要的制备方法就是通过芳香族硝基化合物还原硝基得到，常用还原剂有：Fe/HCl、Sn/HCl、催化氢化等。

$$C_6H_5NO_2 \xrightarrow{[H]} C_6H_5NH_2$$

芳香胺由于是活化的芳环，很容易被氧化，因此在参与反应时需要对其进行保护；其易与亚硝酸作用，转换成重氮盐，从而间接在芳环上引入不容易引入的基团；也可以与苯酚和芳香族叔胺之间发生偶联反应得到偶氮苯衍生物。

$$C_6H_5NH_2 \xrightarrow[0\sim5℃]{NaNO_2/HCl} C_6H_5N_2^+X^-$$

$$C_6H_5N_2^+X^- + \begin{cases} C_6H_5OH \xrightarrow{pH=8\sim10} C_6H_5-N{=}N-C_6H_4-OH \\ C_6H_5NR_2 \xrightarrow{pH=5\sim7} C_6H_5-N{=}N-C_6H_4-NR_2 \end{cases}$$

实验四十　乙酰苯胺的制备

一、实验目的

验证胺的酰基化反应。

二、实验原理

乙酰苯胺为无色晶体，有退热止痛作用，是较早使用的解热镇痛药，有“退热冰”之称。

乙酰苯胺可通过苯胺和酰基化试剂反应制得。常用的酰基化试剂有：冰醋酸、乙酸酐、乙酰氯等，反应活性为：乙酰氯＞乙酸酐＞冰醋酸。胺的酰基化在有机合成上也有重要的用途，常用来保护芳环上的氨基，使其不被反应试剂所破坏。

$$C_6H_5NH_2 \xrightarrow{HCl} C_6H_5NH_3Cl \xrightarrow[CH_3COONa]{(CH_3CO)_2O} C_6H_5NHCOCH_3 + 2CH_3COOH + NaCl$$

$$C_6H_5NH_2 + CH_3COOH \longrightarrow C_6H_5NHCOCH_3$$

三、药品和仪器

药品：5.6g（5.0mL，0.06mol）苯胺，7.5g（7.3mL，0.073mol）醋酸酐，8.9g（8.5mL，0.15mol）冰醋酸，9g（0.065mol）结晶醋酸钠（$CH_3COONa \cdot 3H_2O$），5mL浓盐酸，锌粉，活性炭。

仪器：烧杯，熔点仪，锥形瓶，分馏柱，温度计，冷凝管，接受器，烧瓶。

四、实验步骤

方法一：

在500mL烧杯中，溶解5mL浓盐酸于120mL水中，在搅拌下加入5.5g苯胺，待苯胺溶解后[1]，再加入少量活性炭（约1g），将溶液煮沸5min，趁热滤去活性炭及其他不溶性杂质。将滤液转移到500mL锥形瓶中，冷却至50℃，加入7.3mL醋酸酐，摇振使其溶解后，立即加入事先配制好的9g结晶醋酸钠溶于20mL水的溶液，充分摇振混合。然后将混合物置于冰浴中冷却，使其析出结晶。减压过滤，用少量冷水洗涤，干燥后称重，产量约5～6g，熔点113～114℃。用此法制备的乙酰苯胺已足够纯净，可直接用于合成。如需进一步提纯，可用水进行重结晶。

方法二：

在100mL圆底烧瓶上依次安装一个分馏柱[2]，按照图1.6搭建分馏装置。用圆底烧瓶[3] 做接受器。

向干燥的圆底烧瓶中加入5mL苯胺[4]，再用量筒加入8.5mL冰醋酸[5]，并加入0.2g锌粉[6]。加毕，将圆底烧瓶放在油浴中加热，油浴温度设置在140℃左右，维持温度计读数在100℃以上[7]。约经过30～40min[8]，反应所生成的水（及冰醋酸）可完全蒸出。当温度计读数难以保持而不断下降时（有时反应容器中会出现白雾），则反应到达终点，停止加热。

将反应液趁热以细流倒入盛有100mL冷水的烧杯中（将锌粒留在反应瓶中），粗乙酰苯胺成细粒状析出。冷却后抽滤，压碎固体，用5～10mL冷水洗涤除去残留的酸液。粗乙酰苯胺为白色或带有黄色的固体。产品干燥，称重。若纯度不够，可进行重结晶。

五、注意事项

[1] 学生自制的苯胺中有少量硝基苯，用盐酸使苯胺成盐后，此时苯胺溶解，可用分液漏斗分出硝基苯油珠。

[2] 由于冰醋酸与水互溶且沸点相差不太大，故用分馏柱去水。

[3] 此瓶用来接收蒸出的稀醋酸溶液。

[4] 最好用新蒸馏过的苯胺，因久置的苯胺颜色深有杂质，但在反应开始后基本上也可逐渐褪去。

[5] 高浓度醋酸在气温较低时易凝结成冰状固体（熔点16.6℃）。取用时可用温水

浴温热（微开瓶塞）使其熔化后取用。

[6] 锌粉的作用主要是防止苯胺在反应过程中氧化。但也不宜加得过多，以免在反应或后处理中出现不溶于水的氢氧化锌。

[7] 控制在该温度的目的是为了尽量蒸去水而保留醋酸，波动范围最好是±2℃。

[8] 回流时间最短不得少于25min。否则由于反应不完全，产物很少甚至无产物。

六、思考题

1. 除醋酸酐外，还有哪些酰基化试剂？
2. 加入盐酸和醋酸钠的目的是什么？
3. 本实验为什么不用水分离器去水而用分馏柱？
4. 反应终点时可能出现的“白雾”，估计是什么？

实验四十一　α-苯乙胺的制备

一、实验目的

1. 熟悉酮与氨及衍生物反应的原理。
2. 掌握α-苯乙胺的制备方法。

二、实验原理

$$C_6H_5COCH_3+2HCO_2NH_4 \longrightarrow C_6H_5CH(NHCHO)CH_3+2H_2O$$

$$C_6H_5CH(NHCHO)CH_3+HCl+H_2O \longrightarrow C_6H_5CH(NHCl)CH_3+HCO_2H$$

$$C_6H_5CH(NHCl)CH_3+NaOH \longrightarrow C_6H_5CH(NH_2)CH_3+NaCl+H_2O$$

三、药品和仪器

药品：25g甲酸胺，15g苯乙酮，苯，浓盐酸，粒状氢氧化钠。

仪器：50mL改良克氏烧瓶，100mL圆底烧瓶，温度计，常压蒸馏装置，分液漏斗，锥形瓶，水蒸气蒸馏装置。

四、实验操作

用50mL改良克氏烧瓶中，放置25g甲酸铵[1]，15g苯乙酮及几颗碎的素烧瓷片。装上几乎伸至瓶底的温度计，侧管连以用作蒸馏的小型冷凝器。当小心加热烧瓶时，混合物先熔成两层并有物质馏出。到150～155℃时，就变成均相。在反应进行的同时产生相当多的泡沫。继续加热，必要时应慢一些，直到温度达到185℃（在这个过程中，有水、苯乙酮及碳酸铵馏出；大约需要3h，此时只需略加照料）停止加热，从馏出液中分出上层的苯乙酮，无需干燥就可把它倒回反应瓶。然后把混合物在180～185℃加热 3h。然后用 15～20mL 苯提取馏出液以回收苯乙酮后，弃去水层。

将反应混合物冷却，转移至分液漏斗中将其与 15～20mL 水一起摇动以除去甲酸铵及甲酰胺。把粗的 *N*-甲酰-*α*-苯乙胺放入原来的烧瓶中。水层用 10mL 苯提取二次后弃去。苯提取液与主要部分合并后加入 15mL 浓盐酸及几颗素烧瓷片。把混合物小心加热至苯馏出，然后缓缓沸腾 40～50min。水解迅速进行，除了一薄层苯乙酮及其他中性物质外，混合物变成均相。将混合物冷却后，先用 10mL 苯，再用 3～4 份每份 5mL 的苯提取，保留提取液用来回收苯乙酮[2]。

把酸性水溶液移至 100mL 圆底烧瓶中，通过分液漏斗加入由 12.5g 氢氧化钠溶于 25mL 水所成的溶液，然后进行水蒸气蒸馏[3]。前 100mL 馏出物已含了大部分的胺，但需继续收集馏出物，直至极弱的碱性为止，遗留在烧瓶中的少量残渣，可以弃去。

馏出物用苯提取 5 次，每次 10mL，合并苯溶液，用粉状氢氧化钠干燥后蒸馏。大部分的胺在 184～186℃馏出，但在 180～190℃馏出的馏分对许多用途来说已足够纯净。这个馏分的产量为 8.0～8.8g。把开始时蒸馏出的苯和蒸馏残渣合并后，用稀酸提取，如上法回收胺，可再得 1.0～1.2g[4]，而使总产量达 9.0～10.0g。

五、注意事项

[1] 可用试剂级甲酸铵。

[2] 苯溶液用稀碱洗涤，干燥后蒸馏，收集沸点为 198～207℃的馏分。

[3] 在水蒸气蒸馏时，最好将蒸馏瓶也直接加热，使体积几乎保持恒定。

[4] 做几次制备时，可把胺的酸性溶液并到下一次中进行水蒸气蒸馏，以回收更多的胺。

六、思考题

1. 水蒸气蒸馏的一般步骤是什么？有哪些要点？

2. 胺类化合物的制备还有哪些方法，举例说明？

3. 由于 *α*-苯乙胺能侵蚀软木塞及橡皮塞，并从空气中吸收二氧化碳，在蒸馏时我们应该采取什么样的措施？

实验四十二　偶氮苯的制备

一、实验目的

1. 了解硝基苯的还原反应。

2. 巩固重结晶操作，提高对反应过程的控制能力。

二、实验原理

$$C_6H_5NO_2 \xrightarrow{Mg，CH_3OH} C_6H_5N{=}NC_6H_5$$

三、药品和仪器

药品：1.55g（1.3mL，0. 0125mol）硝基苯，1.5g（0. 062mol）镁条，乙酸，无水甲醇，碘，中性氧化铝。

仪器：圆底烧瓶，回流冷凝管，磁力搅拌器，烧杯，色谱柱。

四、实验步骤

在100mL圆底烧瓶上，装上回流冷凝管[1]，加入搅拌子。加入1.3mL硝基苯，28mL无水甲醇，和一小粒碘，搅拌下先加入0.75g镁[2]，温热引发反应，控制反应平稳回流，若反应过于剧烈可冰水浴冷却。镁大部分消失后，将反应稍冷却，然后将剩余镁（0.75g）加入，热水浴加热反应回流半小时至镁基本消失。将反应液倒入装有50mL冰水的烧杯，搅拌冷却下加入醋酸至pH＝4～5，抽滤析出的红色固体，中性氧化铝柱色谱分离得到纯品。

五、注意事项

［1］反应装置要加干燥管，过多水分会影响产率。

［2］镁用量不可过多，防止生产氢化偶氮苯。

六、思考题

1. 在不同还原剂作用下，硝基苯还原可以得到哪些不同产物？

2. 除了金属镁，能将硝基苯还原为偶氮苯的反应条件还有哪些？

实验四十三　甲基橙的制备

一、实验目的

1. 熟悉重氮化反应和偶合反应的原理。

2. 掌握甲基橙的制备方法。

二、实验原理

甲基橙的合成路线如下：

$$H_2N-C_6H_4-SO_3H \xrightarrow{NaOH} H_2N-C_6H_4-SO_3Na \xrightarrow[0\sim5℃]{NaNO_2/HCl} \left[HO_3S-C_6H_4-N^+\equiv N\right]Cl^-$$

$$\xrightarrow[HOAc]{C_6H_5N(CH_3)_2} \left[HO_3S-C_6H_4-N=N-C_6H_4-\overset{+}{N}H(CH_3)_2\right]OAc^- \xrightarrow{NaOH}$$

$HO_3S-C_6H_4-N{=}N-C_6H_4-N(CH_3)_2$

三、药品和仪器

药品：1g 对氨基苯磺酸，氢氧化钠 5%，0.4g 亚硝酸钠，浓盐酸，冰醋酸，0.7mL *N*，*N*-二甲基苯胺，乙醇，乙醚，淀粉-碘化钾试纸。

仪器：烧杯，温度计，表面皿。

四、实验步骤

1. 重氮盐的制备

在 50mL 烧杯中、加入 1g 对氨基苯磺酸结晶和 5mL5%氢氧化钠溶液[1]，温热使结晶溶解，用冰盐浴冷却至 0℃以下。另在一试管中配制 0.4g 亚硝酸钠和 3mL 水的溶液。将此配制液也加入烧杯中。维持温度 0～5℃[2]，在搅拌下，慢慢用滴管滴入 1.5mL 浓盐酸和 5mL 水溶液，滴加完后用淀粉-碘化钾试纸检测呈现蓝色为止[3]，继续在冰盐浴中放置 15min，使反应完全，这时往往有白色细小晶体析出。

2. 偶合反应

在试管中加入 0.7mL *N*，*N*-二甲基苯胺和 0.5mL 冰醋酸，混合均匀。在搅拌下将此混合液缓慢加到上述冷却的重氮盐溶液中，加完后继续搅拌 10min。缓缓加入约 15mL 5%氢氧化钠溶液，直至反应物变为橙色（此时反应液为碱性）。甲基橙粗品呈细粒状沉淀析出。

将反应物置沸水浴中加热 5min，冷却后，再放置冰浴中冷却，使甲基橙晶体析出完全。抽滤，依次用少量水、乙醇和乙醚洗涤，压紧抽干。干燥后得粗品约 1.5g。

粗产品用 1%氢氧化钠溶液（每克粗产物约需 25mL 溶液）进行重结晶[4]。待结晶析出完全，抽滤，依次用少量水、乙醇和乙醚洗涤，压紧抽干，得片状结晶。产量约 1g。

将少许甲基橙溶于水中，加几滴稀盐酸，然后再用稀碱中和，观察颜色变化。

五、注意事项

[1] 对氨基苯磺酸为两性化合物，酸性强于碱性，它能与碱作用成盐而不能与酸作用成盐。

[2] 重氮化过程中，应严格控制温度，反应温度若高于 5℃，生成的重氮盐易水解为酚，降低产率。

[3] 若试纸不显色，需补充亚硝酸钠溶液或补加浓盐酸。

[4] 重结晶操作要迅速，否则由于产物呈碱性，在温度高时易变质，颜色变深。用乙醇和乙醚洗涤的目的是使其迅速干燥。

六、思考题

1. 在重氮盐制备前为什么还要加入氢氧化钠？如果直接将对氨基苯磺酸与盐酸混合

后，再加入亚硝酸钠溶液进行重氮化操作行吗？为什么？

2. 制备重氮盐为什么要维持0～5℃的低温，温度高有何不良影响？

3. 重氮化为什么要在强酸条件下进行？偶合反应为什么要在弱酸条件下进行。

实验四十四 对位红的制备

一、实验目的

1. 掌握重氮化反应和偶合反应的原理。
2. 掌握对位红的制备方法。

二、实验原理

重氮化反应：

$$O_2N-C_6H_4-NH_2 + NaNO_2 + 2HCl \xrightarrow{5℃} O_2N-C_6H_4-N_2Cl + NaCl + 2H_2O$$

偶合反应

$$O_2N-C_6H_4-N_2Cl + C_{10}H_7OH \xrightarrow[OH^-]{5℃} O_2N-C_6H_4-N{=}N-C_{10}H_6OH + NaCl$$

三、药品和仪器

药品：1.4g（0.01mol）对硝基苯胺，8mL（0.012mol）10%亚硝酸钠溶液，1.5g（0.01mol）β-萘酚，浓盐酸，10%氢氧化钠溶液。

仪器：烧杯，布氏漏斗，吸滤瓶。

四、实验步骤

1. 重氮盐的制备

在小烧杯中放入1.4g对硝基苯胺和稀盐酸溶液（4mL浓盐酸溶于4mL水），在水浴上加热使前者全部溶解。冷却，加入10g碎冰。放入冰水浴中，保持温度在5℃左右。

将8mL 10%亚硝酸钠溶液在不断搅拌下迅速地一次加入到对硝基苯胺的盐酸溶液中。用刚果红试纸及碘化钾淀粉试纸分别检验溶液的酸性和是否有过量的亚硝酸[1]。15min后，减压过滤，除去不溶性沉淀物质[2]。于滤液中加入冰水，稀释至200mL，即得到透明的氯化对硝基重氮苯溶液。

2. 偶合反应

在小烧杯中将1.5g研细的β-萘酚溶解在8mL 10%氢氧化钠溶液中[3]。将β-萘酚溶液[4] 以细流倒入前面的重氮盐溶液中，倒完后用刚果红试纸检验，应为蓝色[5]，如不为蓝色应滴加稀盐酸至呈蓝色。搅拌 15min，保持偶合反应的温度在 5℃左右。将对位红粗产物减压过滤，用清水洗涤至中性，放在空气中晾干。产量约 3～4g。纯粹对位红的熔点为 257℃。

五、注意事项

[1] 若碘化钾淀粉试纸不显蓝色，须补加亚硝酸钠溶液，并充分搅拌，直到使碘化钾淀粉试纸刚呈蓝色；若亚硝酸钠已过量，可用尿素水溶液分解之。在重氮化操作中，应始终保持溶液为酸性，使刚果红试纸变蓝。

[2] 此沉淀主要是由副反应生成的重氮氨基化合物，是一种黄色絮状物。

[3] 应把 β-萘酚研细，使它易溶于稀氢氧化钠溶液中。

[4] 已经制成的对位红染料不宜用来染纤维，因为它与纤维不能牢固结合。如欲将纤维染色，可将纤维浸在第一步制得的重氮盐溶液中，然后加入 β-萘酚溶液，染料即在纤维间生成，与纤维牢牢结合。

[5] 刚果红试纸变蓝的酸度为 pH＝3，此步溶液本身是红色的，故不能用 pH 试纸检验。

六、思考题

1. 在重氮化操作中，为什么必须把亚硝酸钠溶液迅速地一次加入对硝基苯胺的盐酸溶液中？

2. 偶合反应在什么介质中进行？为什么？

3.12　天然产物的提取

传统的天然产物的提取方法有很多种，这里简单介绍几种常用的方法。

1. 溶剂提取法

其原理是在扩散和渗透作用下，溶剂渗透到原料的组织细胞内部，溶解可溶性物质，形成细胞内外溶质的浓度差而产生渗透压。在渗透压的作用下，细胞外的溶剂不断地进入到细胞内部溶解可溶性成分，细胞内的浓溶液不断地向外扩散，不断地如此反复，直到细胞内外溶液浓度达到一个动态平衡，即完成一次提取。滤出此溶液，再加入新溶剂，使细胞内外产生新的浓度差，提取继续进行。直至所需物质全部或大部分溶出。

适宜的溶剂需要满足以下条件：①对目标成分溶解度大，对共存其他物质溶解度小；②不与目标成分起化学反应，提取速度快；③价廉、易得，易回收，安全低毒；④溶剂的选择遵循“相似相溶原理”。要同时满足前三点很难，经常出现相互矛盾的现象，需要从全局考虑。常用提取溶剂：石油醚、四氯化碳、苯、二氯甲烷、氯仿、乙醚、乙酸乙酯、正丁醇、丙酮、乙醇、甲醇、水。

2. 水蒸气蒸馏法

利用某些化学成分具有挥发性，能随水蒸气蒸馏而不被破坏的性质。在天然产物中通常用来提取能随水蒸气蒸发而且化学结构遇热稳定、不易被破坏的挥发油、小分子生物碱（麻黄碱、烟碱、槟榔碱等）或酚类（牡丹酚等）化合物。该方法具有特异性高，所得化学成分较纯的优点。

3. 升华法

固体物质受热直接气化，遇冷后又凝固为固体化合物，称为升华。草药中有一些成分具有升华的性质，故可利用升华法直接自草药中提取出来。例如樟木中升华的樟脑(camphor)，在《本草纲目》中已有详细的记载，为世界上最早应用升华法制取药材有效成分的记述。茶叶中的咖啡碱在178℃以上就能升华而不被分解。游离羟基蒽醌类成分，一些香豆素类，有机酸类成分，有些也具有升华的性质。例如七叶内酯及苯甲酸等。升华法虽然简单易行，但草药炭化后，往往产生挥发性的焦油状物，黏附在升华物上，不易精制除去；还会出现升华不完全，产率低，有时还伴随分解的现象。

随着科学技术的发展，提取技术得到发展，提取效率也大大提升。现代提取技术有：超临界流体萃取，超声波提取法，微波提取法。

超临界流体萃取是指利用具有液体的密度以及气体的黏度的超临界流体萃取，分离萃取有效成分的方法。适用于大部分天然产物中有效成分的提取。

超声波提取法是指利用超声波产生的空化作用破碎细胞壁，并加速有效成分溶解于溶媒中，从而达到分离目的的方法。适用于绝大多数天然产物有效成分的分离提取。

微波提取法是指利用微波的加热效应破裂细胞以及其电磁场激活效应加速有效成分扩散速率而达到分离萃取的方法。

实验四十五　从茶叶中提取咖啡因

一、实验目的

1. 了解从天然产物中提取有机化合物的方法。

2. 学习索氏提取器的使用。

二、实验原理

茶叶中含有多种生物碱，其中以咖啡碱（又称咖啡因）为主，约占1%～5%。另外还含有11%～12%的丹宁酸（又名鞣酸）、0.6%的色素、纤维素、蛋白质等。咖啡碱是弱碱性化合物，易溶于氯仿（12.5%）、水（2%）及乙醇（2%）等。在苯中的溶解度为1%（热苯为5%）。丹宁酸易溶于水和乙醇，但不溶于苯。

咖啡碱是杂环化合物嘌呤的衍生物，它的化学名称是1，3，7-三甲基-2，6-二氧嘌呤，其结构式如下：

嘌呤　　咖啡因

含结晶水的咖啡因系无色针状结晶，味苦，能溶于水、乙醇、氯仿等。在100℃失去结晶水，178℃时升华很快。无水咖啡因的熔点为234.5℃。

为了提取茶叶中的咖啡因，往往先利用适当的溶剂（氯仿、乙醇、苯）等在脂肪提取器中连续抽提，然后蒸去溶剂，即得粗咖啡因。粗咖啡因还含有其他一些生物碱和杂质，利用升华可进一步提纯（常用升华装置如图3.3和图3.4）。工业上，咖啡因主要通过人工合成制得。它具有刺激心脏、兴奋大脑神经和利尿等作用，因此可作为中枢神经兴奋药，也是复方阿司匹林（APC）等药物的组分之一。

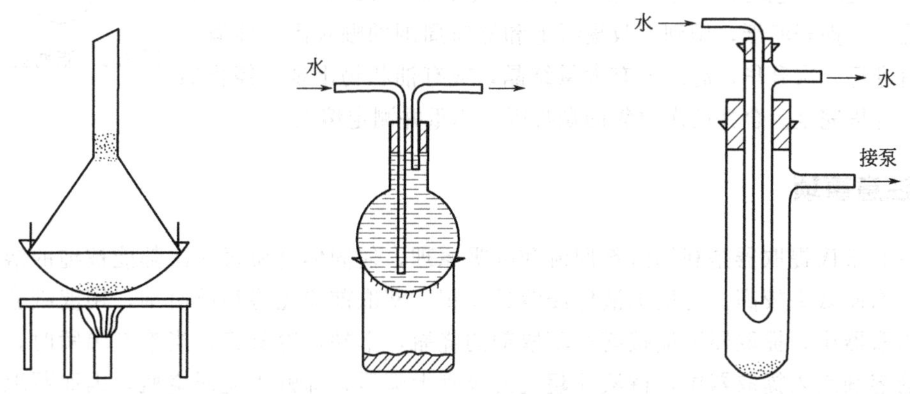

图3.3　常压升华装置　　图3.4　减压升华装置

咖啡因可以通过测定熔点及光谱法加以鉴别。此外，还可以通过制备咖啡因水杨酸盐衍生物进一步得到确证。咖啡因作为碱，可与水杨酸作用生成水杨酸盐，此盐的熔点为137℃。

咖啡因　　水杨酸　　咖啡因水杨酸盐

三、药品和仪器

药品：5g茶叶，95%乙醇，生石灰。

仪器：圆底烧瓶，索氏提取器，回流冷凝管，烧杯，平板加热器，短颈玻璃漏斗，蒸发皿，砂浴。

四、实验步骤

按图 3.5 装好提取装置[1]。称取 5g 茶叶末，放入索氏提取器的滤纸套筒中[2]，在圆底烧瓶中加入 75mL 95%乙醇，用油浴加热，连续提取 1.5～2.5h[3]。待提取器中溶液刚刚虹吸下去时，立即停止加热。稍冷后，改成蒸馏装置（或用旋转蒸发仪蒸出大部分乙醇），回收提取液中的大部分乙醇[4]。将瓶中的残液倾入蒸发皿中，拌入 3～4g[5] 生石灰粉，使成糊状，用平板加热器加热，加热器调至 2～3 挡位，其间应不断搅拌，并压碎块状物。将加热器加热挡调至 3～4 挡，继续加热，焙炒片刻，务必使水分全部除去。冷却后，擦去粘在边上的粉末，以免在升华时污染产物。取一只口径合适的干燥并洁净的玻璃漏斗，罩在隔以刺有许多小孔滤纸的蒸发皿上，用平板加热器[6]（加热挡位 5～6 挡）小心加热升华[7]。当滤纸上出现许多白色毛状结晶或漏斗上呈现淡黄色时，停止加热，让其自然冷却至 100℃左右。小心取下漏斗，揭开滤纸，用刮刀收集纸上和器皿周围的咖啡因。残渣经搅拌后进行二次升华，滤纸上有大量结晶，或有油状物出现，停止加热，使升华完全。合并两次收集的咖啡因，称重并测定熔点。

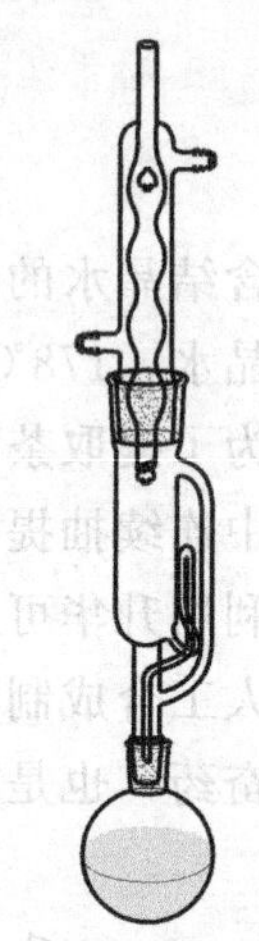

图 3.5　脂肪提取器

五、注意事项

[1] 索氏提取器是利用溶剂回流和虹吸原理，使固体物质每一次都能被纯的溶剂所萃取，因而效率较高。为增加液体浸溶的面积，萃取前应先将物质研细，用滤纸套包好置于提取器中，提取器下端接盛有萃取剂的烧瓶，上端接冷凝管，当溶剂沸腾时，冷凝下来的溶剂滴入提取器中，待液面超过虹吸管上端后，即虹吸流回烧瓶，因而萃取出溶于溶剂的部分物质。就这样利用溶剂回流和虹吸作用，使固体中的可溶物质富集到烧瓶中，提取液浓缩后，将所得固体进一步提纯。

提取器的虹吸管极易折断，装置仪器和取拿时须特别小心。

[2] 滤纸套大小既要紧贴器壁，又能方便取放，其高度不得超过连接管；滤纸包茶叶末时要严谨，防止漏出堵塞虹吸管。

[3] 提取液颜色很淡时，即可停止提取。

[4] 瓶中乙醇不可蒸得太干，否则残液很黏，转移时损失较大。

[5] 生石灰起吸水和中和作用，以除去部分酸性杂质。

[6] 如无平板加热器，可用砂浴或简易空气浴加热升华，即将蒸发皿底部稍离开石棉网进行加热，并在附近悬挂温度计指示升华。温度不要超过 250℃。

[7] 在萃取回流充分的情况下，升华操作是实验成败的关键。升华过程中，始终都需用小火间接加热。如温度太高，会使产物发黄。注意温度计应放在合适的位置，使正确反映出升华的温度。

六、思考题

1. 提取咖啡因时，用到生石灰，起何作用？

2. 从茶叶中提取出的粗咖啡因有绿色光泽，为什么？

附：咖啡因水杨酸盐衍生物的制备

在试管中加入 50mg 咖啡因、37mg 水杨酸和 4mL 甲苯，在水浴上加热摇振使其溶解，然后加入约 1mL 石油醚（60～90℃），在冰浴中冷却结晶。如无晶体析出，可用玻璃棒或刮刀摩擦管壁。用玻璃钉漏斗过滤收集产物，测定熔点。纯盐的熔点为 137℃。

实验四十六　从橙皮中提取橙皮碱

一、实验目的

1. 熟练掌握索氏提取器使用方法。
2. 溶剂提取法提取天然产物。

二、实验原理

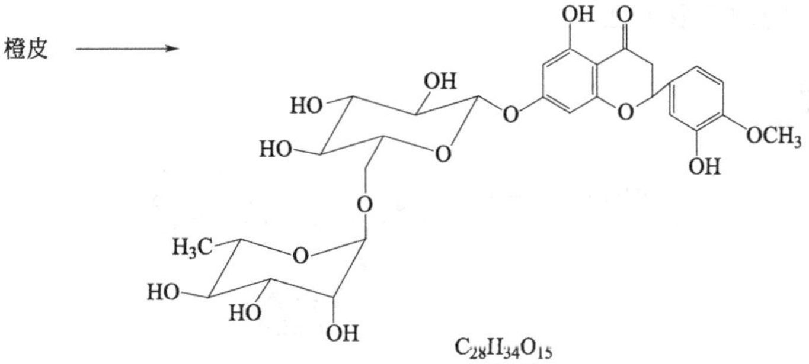

橙皮 ⟶

$C_{28}H_{34}O_{15}$
(610.5)

三、药品和仪器

药品：20g 橙子皮，6% 乙酸，石油醚（bp 30～60℃），甲醇，二甲亚砜，异丙醇。

仪器：250mL 圆底烧瓶，回流冷凝管，100mL 索氏提取器，吸滤瓶，布氏漏斗，可加热磁力搅拌器，搅拌子，干燥器，油浴。

四、实验步骤

在 250mL 圆底烧瓶中放入搅拌子，加入 150mL 石油醚（bp 30～60℃），安装上索氏提取器。将 20g 干燥的橙皮粉末加入到索氏提取器的滤纸筒中。索氏提取器上安装上回流冷凝管，搅拌加热回流 4h 后，蒸除石油醚（收集起来再利用）。为了除去黏附在橙皮粉上的石油醚，将滤纸套取出放在大的结晶皿中。再次将滤纸套放入索氏提取器中，用 150mL 甲醇进行提取，直至虹吸回烧瓶的溶液变为无色（大约需要 1～2h）。

用旋转蒸发仪蒸出提取液中的溶剂，得到浆状剩余物。将剩余物与 50mL 6%的醋酸溶液混合，有固体粗产物橙皮碱沉淀析出。布氏漏斗过滤，滤饼用6%醋酸溶液洗涤，60℃下干燥，直至质量恒定。粗产量：780mg，mp 236～238℃。

粗产品可用重结晶提纯。粗产物在搅拌下加入二甲亚砜，配制成5%溶液，加热到60～80℃。然后在搅拌下慢慢加入等量的水。冷却到室温橙皮碱析出。过滤，先用少量温水洗涤滤饼，再用异丙醇洗涤滤饼，干燥器中干燥直至质量恒定。产量：450mg，mp 262℃，无色晶体。

五、思考题

1. 为什么旋蒸后的剩余物要加入6%醋酸？
2. 重结晶时，用异丙醇洗涤滤饼的目的是什么？

实验四十七　从黑胡椒中提取哌啶衍生物

一、实验目的

掌握天然产物的提取方法。

二、实验原理

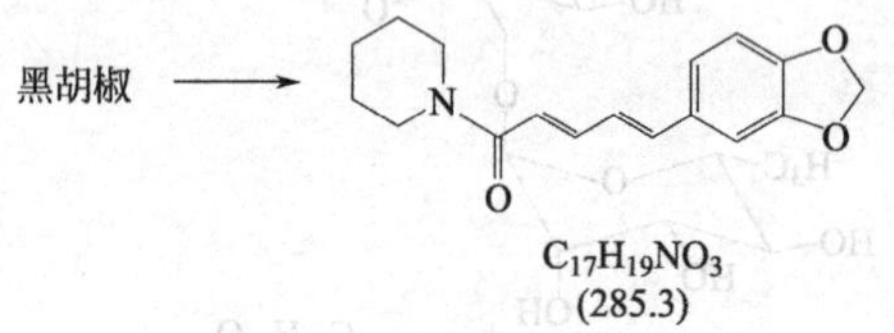

黑胡椒 ⟶

$C_{17}H_{19}NO_3$
(285.3)

三、药品和仪器

药品：黑胡椒粉，乙酸乙酯，10%氢氧化钾溶液，乙醇，水。

仪器：250mL圆底烧瓶，回流冷凝管，100mL索氏提取器，可加热磁力搅拌器，搅拌子，旋转蒸发仪，布氏漏斗，吸滤瓶，冰浴，干燥器，油浴。

四、实验步骤

在250mL圆底烧瓶中加入150mL乙酸乙酯和搅拌子。50g的黑胡椒粉包在滤纸套中，装入索氏提取器中。在索氏提取器上端安装回流冷凝管，搅拌加热回流5h。提取结束后，旋转蒸发仪蒸除溶剂，得到2.7g剩余物。

将剩余物溶解在30mL混合溶剂（乙醇和水的比例为1∶1）的10%的氢氧化钾溶液中，过滤混合物，滤液在0～4℃的冰浴中冷却，有结晶沉淀析出。过滤，用少量水洗涤滤饼，再次过滤，干燥器中干燥直至质量恒定。

产量：84mg，mp 125～126℃。

五、思考题

旋蒸剩余物为什么要加入10%的氢氧化钾溶液？

3.13 柱色谱的应用

色谱法从发明到现在已有八十多年的历史，它是纯化和分离有机或无机物的一种方法。色谱体系包含两个相，一个是固定相，另一个是流动相，当两相相对运动时，反复多次地利用混合物中所含各组分分配平衡性质的差异，最后达到彼此分离的目的。

色谱法按固定相的状态可分为柱色谱、平板色谱和棒色谱三种，而实验室中最常用的是柱色谱和薄层色谱，以及它们之间的配合应用。

柱色谱法，又称层析法，是一种以分配平衡为机理的分配方法。

硅胶吸附柱色谱的原理：在一定条件下，硅胶与被分离物质之间产生作用，主要是物理和化学作用：物理作用来自于硅胶表面与溶质分子之间的范德华力；化学作用主要是硅胶表面的硅羟基与待分离物质之间的氢键作用。

柱子可以分为：加压，常压，减压。压力可以增加淋洗剂的流动速度，减少产品收集的时间，但是会减低柱子的塔板数。所以其他条件相同的时候，常压柱是效率最高的，但是时间也最长，比如天然化合物的分离，过一个柱子几个月也是有的。

① 减压柱 能够减少硅胶的使用量，约节省一半甚至更多，但是由于大量的空气通过硅胶会使溶剂挥发（有时在柱子外面有水汽凝结），以及有些比较易分解的组分可能得不到，而且还必须同时使用水泵抽气（很大的噪音，而且时间长）。

② 加压柱是一种比较好的方法，与常压柱类似，只不过外加压力使淋洗剂走得快些。压力的提供可以是压缩空气，双连球或者小气泵（给鱼缸供气的就行）。特别是在容易分解的样品的分离中适用。压力不可过大，不然溶剂走得太快就会减低分离效果。加压柱在普通有机化合物的分离中比较适用。

③ 常压柱色谱，又称柱色谱，是色谱法中最常见的一种。它的突出优点是，分离效率比经典的化学分离方法高得多，与其他色谱法相比，不需要昂贵的仪器设备，更换流动相和吸附剂方便，消耗材料少，成本低，适合分离取样量从克到微克级范围很宽的各种样品，因此在化学实验室中至今仍被广泛应用。

实验四十八　荧光黄和亚甲基蓝的分离

一、实验目的

1. 学习色谱柱的制备。

2. 掌握用柱色谱分离、提纯化合物的技术。

二、实验原理

荧光黄和亚甲基蓝都是染料。荧光黄为橙红色结晶，商品一般是二钠盐，稀的水溶液带有荧光黄色。亚甲基蓝可以含有 3～5 个结晶水，三水合物是暗绿色结晶，其稀的乙醇溶液为蓝色。在色谱柱中，用氧化铝做固定相，乙醇为洗脱剂，两者由于吸附能力不同，从而得到分离。

COOH HO O O

荧光黄

N $(H_3C)_2N$ S $\overset{+}{N}H(CH_3)_2\overset{-}{Cl}$

亚甲基蓝

三、药品和仪器

药品：中性氧化铝（100～200 目），1mL 95%乙醇溶解有 1mg 荧光黄和 1mg 亚甲基蓝，石英砂。

仪器：玻璃色谱柱，锥形瓶，长颈漏斗，滴液漏斗，烧杯。

四、实验步骤

将色谱柱垂直放置，以 25mL 锥形瓶作洗脱液的接受器。用镊子取少许脱脂棉放入干净的色谱柱底，用玻璃棒轻轻塞紧，再在脱脂棉上盖一层厚 0.5cm 的砂子[1]（洗净干燥过的砂子），关闭活塞。向柱中倒入 10mL 95%乙醇，打开活塞，控制流出速率为 1 滴/min。此时从柱上端通过一干燥的长颈漏斗，慢慢加入 5g 色谱用的中性氧化铝，用木棒或带橡皮塞的玻璃棒轻轻敲打柱身下部，使填装紧密。（色谱柱填装紧与否对分离效果很有影响，若各部分松紧不匀，特别是有断层时，则影响分离速率和显色带的均匀，但如果填装时过分敲击，又使流速太慢）。再在上面加一层 0.5cm 厚的砂。整个操作过程一直保持上述流速不变。注意不能使液面低于砂子的上层[2]。当溶剂液面刚好流至砂面时，立即加入 0.5mL 已配好的含有 0.5mg 荧光黄与 0.5mg 亚甲基蓝的 95%乙醇溶液[3]。当加入的溶液流至近砂时，立即用 0.5mL95%乙醇洗下管壁的有色物质，如此 2～3 次，直至洗净为止。然后在色谱柱上装置滴液漏斗[4]，用 95%乙醇洗脱，控制洗出速率 1 滴/min（此时若速率减慢，可将接收器改成小抽滤瓶，安装合适的塞子，接上水泵，少许减压以保持流速）。

蓝色的亚甲基蓝首先向柱下移动，荧光黄则留在柱上端，当蓝色的色带快洗出时，更换另一个接收器，继续洗脱，至滴出液体近无色为止，再换一接受器，改用水作洗脱剂（此时可加大减压使流速加快）至黄绿色的荧光黄开始滴出，用另一接受器收集至黄绿色全部洗出为止。这样，即分别得到两种染料的溶液。

五、注意事项

[1] 加入砂子的目的是使加料时不致把吸附剂冲起，影响分离效果。若无砂子，也

可用玻璃毛。

[2] 为了保持柱子的均一性，使整个吸附剂浸泡在溶剂或溶液中是必要的。否则当柱中溶剂或溶液流干时，就会使柱身干裂，影响渗滤和显色的效果。

[3] 最好用移液管将欲分离溶液转移至柱中。

[4] 也可以采用每次倒入10mL洗脱剂的方法进行洗脱，这样可以不用滴液漏斗。

六、思考题

1.柱色谱中为什么极性大的组分要用极性大的溶剂洗脱？

2.色谱柱中若留有空气或填装不匀，对分离效果有何影响？如何避免？

实验四十九 绿色植物色素的提取及色谱分离

一、实验目的

1.学习色谱柱的制备。

2.掌握用柱色谱、薄层色谱分离、提纯化合物的操作。

3.学习从天然产物中提取有机化合物的实验技术。

二、实验原理

绿色植物的茎、叶中含有胡萝卜素、叶黄素和叶绿素等色素。

胡萝卜素（$C_{40}H_{56}$）有三种异构体，即α-、β-和γ-胡萝卜素。其中β-体含量较多，也最重要。β-体具有维生素A的生理活性，其结构是两分子的维生素A在链端失去两分子水结合而成的，在生物体内β-体受酶催化氧化即形成维生素A。目前β-体亦可工业生产，可作为维生素A使用，同时也作为食品工业中的色素。

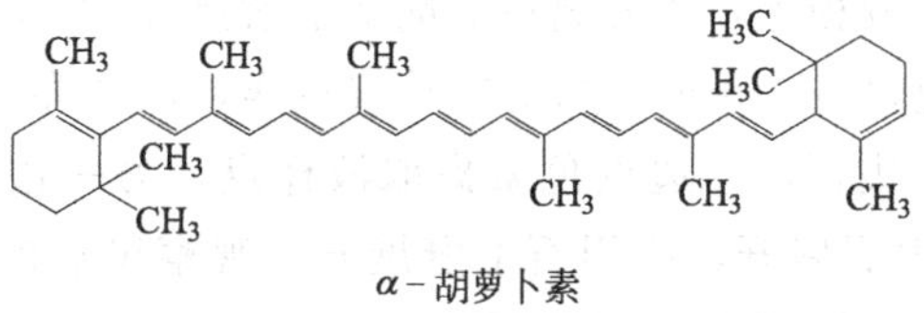

α-胡萝卜素

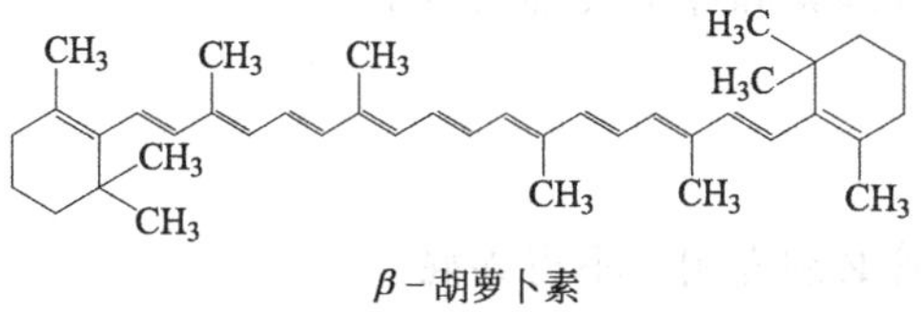

β-胡萝卜素

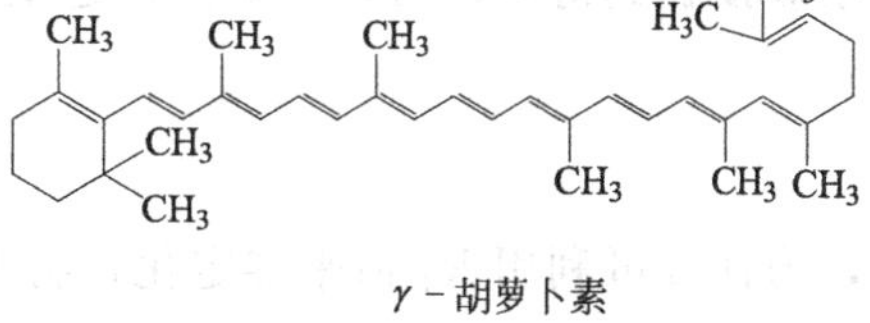

γ-胡萝卜素

叶黄素（$C_{40}H_{56}O_2$）最早是从蛋黄中析离。

叶绿素有两个异构体：叶绿素 a，$C_{55}H_{72}MgN_4O_5$；叶绿素 b，$C_{55}H_{70}MgN_4O_6$。它们都是吡咯衍生物与金属镁的络合物，是植物光合作用所必需的催化剂。在柱色谱和薄层色谱中，两者由于吸附能力不同，从而得到分离。

三、药品和仪器

药品：5.0g 绿色植物叶，95%乙醇，石油醚（60～90℃），丙酮，正丁醇，苯，硅胶 G，中性氧化铝，1%羧甲基纤维素钠水溶液。

仪器：玻璃色谱柱，硅胶板。

四、实验步骤

取 5.0g 新鲜的绿色植物叶子于研钵中捣烂，用 30mL 2∶1 的石油醚-乙醇分几次浸取。把浸取液过滤，滤液转移到分液漏斗中，加等体积的水洗一次。洗涤时要轻轻振荡，以防乳化。弃去下层的水-乙醇层，石油醚层再用等体积的水洗两次，以除去乙醇和其他水溶性物质；有机相用无水硫酸钠干燥后转移到另一锥形瓶中保存。取一半做柱色谱分离，其余留作薄层分析。

1. 柱色谱分离

用 25mL 酸式滴定管，20g 中性氧化铝装柱。先用 9∶1 的石油醚-丙酮洗脱，当第一个橙黄色色带流出时，换一接收瓶接收，它是胡萝卜素，约用洗脱剂 50mL（若流速慢，可用水泵稍加压）。换用 7∶3 的石油醚-丙酮洗脱，当第二个棕黄色色带流出时，换一接收瓶接收，它是叶黄素，约用洗脱剂 200mL。再换用 2∶1∶1 的正丁醇-乙醇-水洗脱，分别接收叶绿素 a（绿色）和叶绿素 b（黄绿色），约用洗脱剂 30mL。

2. 薄层色谱分析

在 10cm×4cm 的硅胶板上，用分离后的胡萝卜素点样[1,2]，7∶3 的石油醚-丙酮展开，可出现 1～3 个黄色斑点。用分离后的叶黄素点样，7∶3 的石油醚-丙酮展开，一般可呈现 1～4 个点。取 4 块板，一边点色素提取液样点，另一边分别点柱层分离后的 4 个试液，用 8∶2 的苯-丙酮展开，或用石油醚展开，观察斑点的位置，并按 R_f 由大到小的次序将胡萝卜素、叶绿素和叶黄素排列出来。

五、注意事项

[1] 点样用的毛细管必须专用，不得弄混。

[2] 点样时，使毛细管刚好接触到薄层即可，切勿点样过重而使薄层破坏。

六、思考题

1. 在一定的操作条件下，为什么可利用 R_f 值来鉴定化合物？

2.展开剂的高度若超过了点样线，对薄层色谱有何影响？

3.柱色谱中为什么极性大的组分要用极性大的溶剂洗脱？

4.色谱柱中若留有空气或填装不匀，对分离效果有何影响？如何避免？

第 4 章 绿色合成实验

绿色化学涉及有机合成、催化、生物化学、分析化学等学科，内容广泛。绿色化学倡导用化学的技术和方法减少或停止那些对人类健康、社区安全、生态环境有害的原料、催化剂、溶剂和试剂、产物、副产物等的使用与产生。绿色化学的定义是在不断地发展和变化的。刚出现时，它更多的是代表一种理念、一种愿望。但随着学科发展，它本身在不断的发展变化中逐步趋于实际应用，且其发展与化学密切相关。绿色化学倡导人、原美国绿色化学研究所所长、耶鲁大学教授 P. T. Anastas 教授在 1992 年提出的“绿色化学”定义是：Chemical products and processes that reduce or eliminate the use and generation of hazardous substancese. 即“减少或消除危险物质的使用和产生的化学品和过程的设计”。从这个定义上看，绿色化学的基础是化学，而其应用和实施则更像是化工。绿色化学所涉及的内容越来越广。

绿色化学主要从原料的安全性、工艺过程节能性、反应原子的经济性和产物环境友好性等方面进行评价。原子经济性和“5R”原则是绿色化学的核心内容。原子经济性是指充分利用反应物中的各个原子，从而既能充分利用资源又能防止污染。原子利用率越高，可以最大限度地利用原料中的每个原予，使之结合到目标产物中，反应产生的废弃物就越少，对环境造成的污染就越小，实验过程中应遵循绿色化实验的 5 个“R”原则，即

Reduction，减量使用原料，减少实验废弃物的产生和排放；

Reuse，循环使用、重复使用；

Recycling，回收，实现资源的回收利用，从而实现“省资源、少污染，减成本”；

Regeneration，再生，变废为宝，资源和能源再利用，是减少污染的有效途径；

Rejection，拒用有毒有害品，对一些无法替代又无法回收、再生和重复使用的，有毒副作用及会造成污染的原料，拒绝使用，这是杜绝污染的最根本的办法。

实验五十　草莓酯的制备

一、实验目的

1. 验证缩酮反应并控制可逆反应。

2. 学习和掌握减压蒸馏的操作。

3. 了解绿色化学的概念。

二、实验原理

草莓酯，又名苹果酯-B，是一种无色透明液体，属环缩酮类化合物，具有令人喜爱的浓郁苹果香气及草莓香气，香气容易透发，留香持久，广泛用于花香型和果香型香精中，是一种新型的食用香料。

传统的合成方法是以毒性较大的芳烃溶剂作为带水剂，浓硫酸、$AlCl_3$ 或者固体超强酸等作为催化剂。这些催化剂存在后处理复杂，难以重复利用，腐蚀设备以及产生酸性废液等缺点，对环境不友好。本实验采用强酸性阳离子交换树脂作催化剂，可有效解决以上问题。具备绿色合成的特点。

$$\text{乙酰乙酸乙酯} + \text{1,2-丙二醇} \rightleftharpoons \text{草莓酯} + H_2O$$

三、药品和仪器

药品：10.2g（10mL，0.0785mol）乙酰乙酸乙酯，5.9g（5.8mL，0.1138mol）1,2-丙二醇，环己烷，1.0g 732 型强酸性阳离子交换树脂，沸石。

仪器：圆底烧瓶，冷凝管，分水器，温度计，加热搅拌器，蒸馏装置，油泵。

四、实验步骤

在干燥的 50mL 圆底烧瓶中，加入 10mL 乙酰乙酸乙酯和 5.8mL 1,2-丙二醇，再加入 7.5mL 环己烷，1.0g 酸性树脂[1]，混合均匀，加入搅拌子，装上分水器，分水器[2] 中加入环己烷至略低于支管口，然后装上冷凝管、干燥管、开动搅拌器，油浴温度 120℃下平稳回流并有水生成，适时放水并记录分出的水量直到达到理论值。放掉分水器中的环己烷，不改换装置继续蒸馏环己烷并回收。关掉热源，静置冷却后，过滤。滤液先在旋转蒸发仪上除净环己烷，再进行减压蒸馏[3] 收集 68～70℃/0.05mmHg 时无色透明并具有新鲜苹果和草莓香气的液体。产率约 70%～80%。

五、注意事项

[1] 强酸性阳离子交换树脂在使用前应进行预处理，步骤如下：①用二倍体积 10%氯化钠溶液浸泡 20h，蒸馏水洗涤至水层无色。②用二倍体积 2%氢氧化钠溶液浸泡 3h，蒸馏水洗涤至水层中性。③用二倍体积 5%稀盐酸溶液浸泡 3h，蒸馏水洗涤至水层中性。④60℃下烘干备用。

[2] 检查分水器活塞是否漏水，安装实验装置后一定要保证其气密性良好。

[3] 使用油泵进行减压蒸馏，要谨慎操作以免影响实验产率或者损坏油泵；正确操作水银压力计，读取真空度。

六、思考题

1. 同为有水生成的可逆反应，为什么本实验必须要加环已烷，而制备乙酸正丁酯时可以不加？

2. 为什么说本实验基本具备绿色合成的特点？

实验五十一　L-(+)-酒石酸二乙酯的制备

一、实验目的

1. 掌握酯化反应。

2. 进一步理解绿色合成。

二、实验原理

$$HOOC-CH(OH)-CH(OH)-COOH + 2H_3C-CH_2-OH \xrightarrow{\text{Amberlyst 15}} CH_3CH_2OOC-CH(OH)-CH(OH)-COOCH_2CH_3 + 2H_2O$$

$C_4H_6O_6$ (150.1)　　C_2H_6O (46.1)　　$C_8H_{14}O_6$ (206.2)

三、药品和仪器

药品：15.0g (100mmol) L-(+)-酒石酸，57.6g (73.0mL，1.25mol) 乙醇（干燥），1.0g Amberlyst 15（强酸性离子交换树脂）。

仪器：250mL 圆底烧瓶，回流冷凝管，干燥管，可加热磁力搅拌器，搅拌子，电子控温仪，旋转蒸发仪，大玻璃漏斗，蒸馏装置，真空泵，油浴，冰浴。

四、实验步骤

在干燥的 250mL 圆底烧瓶中，加入 1.0g Amberlyst15，57.6g (73.0mL，1.25mol) 无水乙醇和 15.0g (100mmol) L-(+)-酒石酸[1]，加入搅拌子，安装上回流冷凝管，冷凝管上端安装干燥管。在低转速搅拌下[2] 加热回流 48h。

反应混合物用冰浴冷却，停止搅拌让酸性树脂[3] 沉积。用玻璃漏斗和折叠滤纸将反应液过滤到圆底烧瓶中。用旋转蒸发仪快速地将过量的乙醇[4] 尽量蒸除干净，瓶中剩余粗产物为略微油状无色液体，粗产量：19.1g。

将粗产物转移到 50mL 圆底烧瓶中，用蒸馏装置进行减压蒸馏。在通常情况下，产物会在非常稳定的温度下被蒸出，单一组分折射率恒定。操作过程中，压力一定要低，使油浴温度不超过 165℃。超过这个温度，产物会分解产生挥发性物质。

产量：15.7g（76.1mmol，76%）；bp95～98℃（0.15mmHg），无色液体 [α]=+8.1°(未稀释)。

剩余物为 3.30g 黏性淡黄色物质，冷却后变成玻璃状固体，溶于温水中。

五、注意事项

[1] 在酸的存在下，酒石酸会脱掉一分子水、一分子二氧化碳，变成丙酮酸，但在该反应条件下，没有二氧化碳的生成。在回流冷凝管上安装上带有氢氧化钡溶液的记泡器，也没有检测到二氧化碳的生成。

[2] 搅拌器在低转速下搅拌，一是可以避免沸腾延迟，二是避免催化剂被搅碎，使之难以过滤。

[3] 催化剂回收处理再利用。

[4] 蒸除的乙醇收集起来，再次蒸馏利用。

六、思考题

1. 该实验过程中如何体现绿色合成理念的？

2. 为什么酒石酸会在此条件下发生脱水和脱羧？

实验五十二　在蒙脱石K10的催化下制备席夫碱

一、实验目的

1. 掌握席夫碱的合成方法。

2. 进一步巩固减压蒸馏操作。

二、实验原理

CH_3　O　CH_2NH_2　蒙脱石 K10 / 环己烷　CH_3　NCH_2Ph　$+H_2O$

H_3C　CH_2　　H_3C　CH_2

三、药品和仪器

药品：(R)-(—)-香芹酮 15.0g（15.6mL，100mmol），苄胺 11.8g（12.0mL，110mmol），环己烷，蒙脱石 K10。

仪器：250mL 圆底烧瓶，分水器，回流冷凝管，可加热磁力搅拌器，磁子，旋转蒸发仪，蒸馏装置，真空泵，油浴。

四、实验步骤

向烧瓶中加入 150mL 环己烷，15.0g（15.6mL，100mmol）香芹酮，11.8g（12.0mL，110mmol）苄胺和 3.0g 蒙脱石 K10[1]，安装上分水器和回流冷凝管。在磁力搅拌器搅拌下加热回流，回流过程中分水，直至不再有水分出为止（3～4h）。

反应结束后，反应液悬浊液冷却至室温，过滤到 250mL 圆底烧瓶中，反应瓶内剩余物用 20mL 环已烷[2] 洗涤。若滤液仍旧混浊，再次过滤。旋转蒸发仪蒸除溶剂，得到粗产物黄色液体 22.3g。

粗产物转移到 50mL 圆底烧瓶中，进行减压蒸馏。得到产物：16.8g，淡黄色乳状液体；bp128～130℃（0.075mmHg），油浴温度加热到 175℃；蒸馏剩余物：2.20g，黄色黏性油状物。

五、注意事项

［1］反应溶剂环已烷收集再次蒸馏利用。

［2］蒙脱石 K10 烘干后可再次利用。

六、思考题

1. 该反应有没有副反应？

2. 环已烷在实验过程中起到什么作用？

实验五十三　对甲氧苯亚甲基乙酰丙酮的合成

一、实验目的

1. 掌握 Aldol 反应机理。

2. 熟悉 α,β-不饱和酮的制备方法。

二、实验原理

$$C_6H_5COCH_3 + p\text{-}CH_3OC_6H_4CHO \xrightleftharpoons{OH^-} C_6H_5\text{-}\overset{O}{\overset{\|}{C}}\text{-}\underset{H}{C}=\underset{H}{C}\text{-}C_6H_4\text{-}OCH_3$$

三、药品和仪器

药品：1.2g（10mmol）苯乙酮，1.4g（10mmol）对甲氧基苯甲醛，氢氧化钠，95％乙醇。

仪器：圆底烧瓶，磁力搅拌器，搅拌子，烧杯，微量滴管，小锥形瓶或试管，布氏漏斗，吸滤瓶。

四、实验步骤

在 25mL 圆底烧瓶中加入 1.4g 对甲氧基苯甲醛和 1.2g 苯乙酮，再向其中加入 4mL 95％乙醇，加入搅拌子，搅拌使原料溶解。取一个小锥形瓶或试管，加入一小片氢氧化钠和 0.5mL 水使之溶解。在搅拌下将氢氧化钠溶液加入到反应瓶中，继续搅拌，直至变成均相后，在室温下继续搅拌 10min 至反应完全。在冰浴中冷却反应液，有晶体析出，用布氏漏斗过滤晶体[1]，并用少量冷的 95％乙醇洗涤滤饼，干燥，测熔点 77～78℃。如产物不纯，可用 95％乙醇进行重结晶。

五、注意事项

[1] 滤液用稀盐酸进行中和，进行无害处理。

六、思考题

1. 写出该反应过程的机理。

2. 为什么该反应的主产物为对甲氧基苯甲醛和苯乙酮之间的缩合产物而不是苯乙酮自身的缩合产物或是对甲氧基苯甲醛自身的歧化反应？

实验五十四　己二酸的绿色合成

一、实验目的

1. 掌握过氧化氢氧化法制备己二酸的方法。

2. 了解相转移催化剂的使用。

二、实验原理

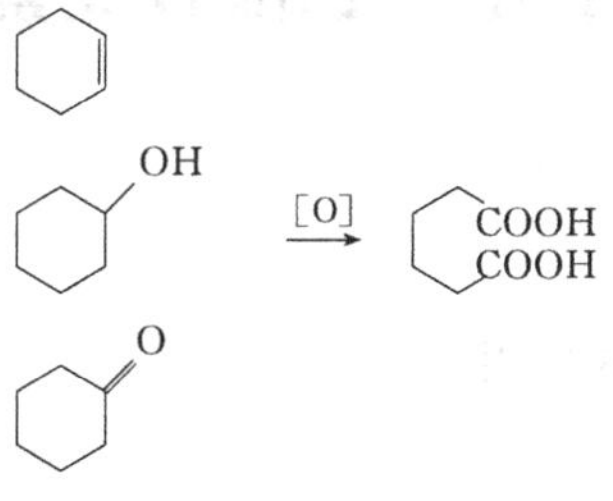

OH

[O]　COOH
COOH

O

三、药品和仪器

药品：环己烯，环己醇，环己酮，过氧化氢，二水合钨酸钠，磺酸水杨酸，十六烷基三甲基溴化铵。

仪器：圆底烧瓶，可加热磁力搅拌器，回流冷凝管，布氏漏斗，吸滤瓶，熔点仪。

四、实验步骤

1. 过氧化氢氧化环己烯合成己二酸

在 100mL 圆底烧瓶中加入 0.37g 二水合钨酸钠、0.17g 磺酸水杨酸、0.03g 十六烷基三甲基溴化铵和 35mL 30%过氧化氢，磁力搅拌 10min，再加入 4.1g（0.05mol）环己烯，缓缓升温，回流反应 7h，冷却到室温后，再用冰水冷却，抽滤，得到白色晶体，用少量冰水洗涤 3 次，干燥后得产物 2.95g，产率为 40.4%，熔点为 152～153℃。

2. 过氧化氢氧化环己醇合成己二酸

在 100mL 圆底烧瓶中加入 0.37g 二水合钨酸钠、0.17g 磺酸水杨酸、0.03g 十六烷基三甲基溴化铵和 30mL 30%过氧化氢，磁力搅拌 10min，再加入 5.0g（0.05mol）环己醇，缓缓升温，回流反应 7h，冷却到室温后，再用冰水冷却，抽滤，得到白色晶体，用少量冰水洗涤 3 次，干燥后得产物 3.97g，产率为 54.4%，熔点为 152～153℃。

3. 过氧化氢氧化环己酮合成己二酸

在 100mL 圆底烧瓶中加入 0.37g 水合钨酸钠、0.17g 磺酸水杨酸、0.03g 十六烷基三甲基溴化铵和 25mL 30%过氧化氢，磁力搅拌 10min，再加入 4.9g（0.05mol）环己酮，缓缓升温，回流反应 7h，冷却到室温后，再用冰水冷却，抽滤，得到白色晶体，用少量冰水洗涤 3 次，干燥后得产物 5.23g，产率为 71.6%，熔点为 152～153℃。

五、思考题

1. 除了用过氧化氢氧化，该反应还可以使用哪些氧化剂进行实验？这些氧化剂与过氧化氢相比有何优缺点？

2. 该实验有哪些副产物或废物？

3. 在实验中钨酸钠、磺酸水杨酸和十六烷基三甲基溴化铵各起到什么作用？

实验五十五　乙酰香豆素的合成

一、实验目的

1. 了解离子液体在合成中的应用。

2. 掌握 Knoevenagel 反应。

二、实验原理

离子液体是指在室温下或接近室温下呈液态的、完全由阴阳离子组成的盐，也称为低温熔融盐。离子液体有着独有的不可比拟的优点，如：无味、无污染、不易燃，对有机物和无机物都有良好的溶解性能，具有易与产物分离、可回收、可循环利用等优点。碱性离子液体氢氧化1-丁基-3-甲基咪唑（[bmIm]OH）的结构式为：

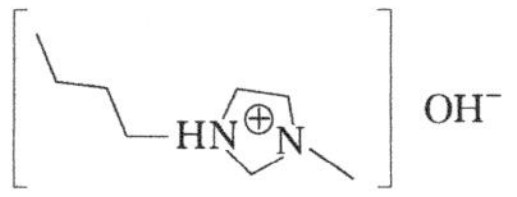

利用水杨醛与乙酰乙酸乙酯之间发生Knoevenagel反应，然后发生分子内酯化反应得到乙酰基香豆素。

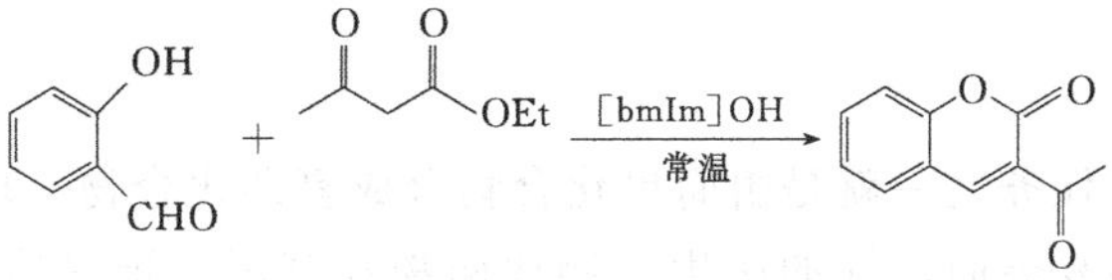

三、药品和仪器

药品：氢氧化1-丁基-3-甲基咪唑，水杨醛，乙酰乙酸乙酯，乙酸乙酯，石油醚，氯化钠，无水硫酸钠，硅胶，硅胶板。

仪器：圆底烧瓶，磁力搅拌器，色谱缸，色谱柱，锥形瓶，旋转蒸发仪。

四、实验步骤

在圆底烧瓶中加入水杨醛（122mg 1mmol）、乙酰乙酸乙酯（260mg 2mmol）、氢氧化1-丁基-3-甲基咪唑（80mg 0.5mmol），室温下搅拌。用薄层色谱（TLC）跟踪反应进程。待原料点消失后，用乙酸乙酯萃取反应液两次[1]，每次10mL，合并有机相，依次用10mL水，10mL饱和食盐水洗涤一次。有机相经无水硫酸钠干燥、过滤、浓缩得粗产物[2]。将粗产物用石油醚和乙酸乙酯配成的洗脱剂[3]进行柱色谱提纯，得到纯产物3-乙酰基香豆素，进行产物结构分析。

五、注意事项

[1] 离子液体回收：产物萃取后的离子液体用乙酸乙酯洗涤，真空干燥回收再利用

[2] 浓缩蒸出的溶剂回收再利用。

[3] 旋蒸出的洗脱剂回收再利用。

六、思考题

1. 写出Knoevenagel反应的反应机理。
2. 请说明薄层色谱监控反应和柱色谱提纯时，洗脱剂的配比如何选择？

第 5 章

多步骤化学实验

有机化学的重要任务之一就是由简单化合物合成复杂化合物。现代的有机合成不但可以合成大量的结构复杂而多样的次生生物代谢物和基因、蛋白质等复杂的生命物质，而且能合成大量的自然界中没有的具有独特功能性分子的物质。现代有机合成不只是合成什么的问题，更重要的是如何合成的问题。

在掌握了基本单元操作方法后，练习从简单的原料出发，经过两步或两步以上的步骤合成较为复杂的化合物，是培养学生有机合成技能不可缺少的一部分内容。在多步骤合成过程中，一般遵循以下原则：

① 所选择的每个反应的副产物尽可能少，所要得到的主产物的产率尽可能高且易于分离、避免采用副产物多的反应。

② 反应的条件要适宜，反应的安全系数要高，反应步骤尽可能少而简单。

③ 要按一定的反应顺序和规律引入官能团，不能臆造不存在的反应事实，必要时应采取一定的措施保护已引入的官能团。

④ 所选用的合成原料要易得、价廉、经济。

实验五十六　大环聚醚的制备

一、实验目的

1. 熟悉制备大环聚醚反应的原理。
2. 掌握双苯并-18-冠-6 聚醚与双环己基-18-冠-6 聚醚的制备方法。

二、实验原理

$$\text{邻苯二酚(OH, OH)} + O(CH_2CH_2Cl)_2 \xrightarrow[n\text{-}C_4H_9OH]{NaOH} \text{双苯并-18-冠-6}$$

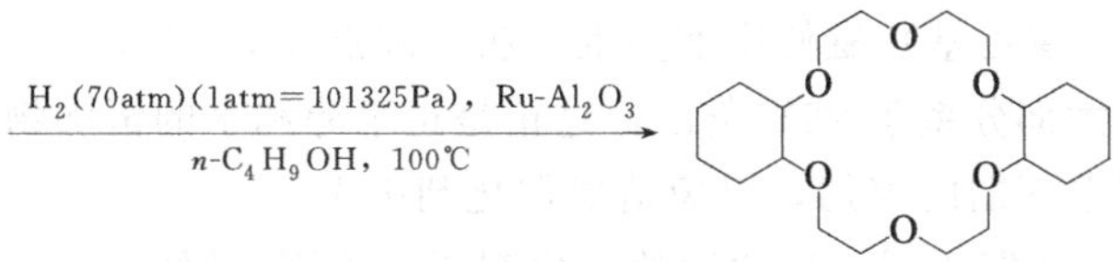

$\xrightarrow[n\text{-}C_4H_9OH,\ 100℃]{H_2(70atm)(1atm=101325Pa),\ Ru\text{-}Al_2O_3}$

三、药品和仪器

药品：邻苯二酚，双（2-氯乙基）醚，氢氧化钠，钌-氧化铝催化剂（5%），1-丁醇，丙酮，苯，正庚烷，浓盐酸，酸洗氧化铝（80～100目，1～2级活性），氢气，氮气。

仪器：150mL三口烧瓶，蒸馏装置，100mL不锈钢压热釜，回流冷凝器，50mL恒压滴液漏斗，机械搅拌器，100℃温度计，布氏漏斗及吸滤瓶，旋转蒸发仪。

四、实验步骤

1. 双苯并18-冠-6的制备

在干燥的150mL三口烧瓶上，装好冷凝管、恒压滴液漏斗、温度计和机械搅拌器。在冷凝管的顶部再装一根进气管，以备在进行反应时候能对反应器维持好静态的氮气压力。向瓶中加入6.6g邻苯二酚[1] 和40mL正丁醇。开动搅拌，加入2.5g粒状氢氧化钠。将混合物迅速加热回流后（115℃），在连续搅拌和加热下，向其中逐滴加入含4.4g双（2-氯乙基）醚[2] 的10mL正丁醇溶液（在2h内）。所得混合物于搅拌下再回流1h。然后将其冷至90℃，加入另一份2.5g粒状氢氧化钠。搅拌回流30min后，于连续的搅拌和加热下，再向其中逐滴加入含4.4g双（2-氯乙基）醚的10mL正丁醇溶液（2h内）。最后的反应混合物继续在搅拌下加热回流16h。此后，向其中加入1mL浓盐酸进行酸化。拆除回流冷凝器，换上蒸馏头，从中蒸出大约50mL正丁醇。再继续蒸馏时，以足够的速度通过滴液漏斗向瓶中加入水，从而使反应瓶中物料的体积保持不变。蒸馏继续进行，直到馏出的蒸汽温度超过99℃[3]。将所得的浆状物冷却至30～40℃，用10mL丙酮稀释。搅拌，使沉淀物凝聚，然后吸滤。滤出的产品再以10mL丙酮洗涤，最后吸干。产物为褐色针状晶体，熔点161～162℃，得量为221～260g（39%～48%），其纯度已足可用于下一步制备。

2. 还原反应

向100mL不锈钢压热釜中，加入1.25g双苯并-18-冠-6聚醚，20mL重蒸馏的正丁醇[4] 和0.25g钌-氧化铝催化剂[5]。将压热釜密封并以氮气冲洗后，再用氢气充满。于100℃下，用大约70atm的氢气进行氢化，直到所吸收的氢气达到理论量。减压热釜冷至室温，打开，过滤以分去催化剂。滤液用旋转蒸发仪于90～100℃减压浓缩剩下的粗产品在放置室固化。为了除去羟基杂质，可将粗品溶于10mL正庚烷，再将此溶液通过20cm、直径7cm的酸洗氧化铝（80～100目，1～2级活性）柱过滤一次，该柱再用正庚烷洗涤。合并提取液，以旋转蒸发仪蒸出溶剂，得双环已基-18-冠-6聚醚的非对映异构体的混合物[6]，为白色棱晶，于38～54℃的范围内熔化。

五、注意事项

[1] 所有试剂用化学纯。

[2] 所用双（2-氯乙基）醚使用前蒸馏一次（沸点 175～177℃）。

[3] 馏出液的大部分系于 92℃蒸出，这正是正丁醇和水的恒沸物。

[4] 建议使用重蒸馏的溶剂，以免造成催化剂中毒。

[5] 用试剂级 5%催化剂。过滤后的催化剂要立刻用水浸润。

[6] 聚醚产物应贮存在氮气中。

六、思考题

1. 加氢的反应中一般都是高压反应，一般有什么注意事项？
2. 为什么反应完后，5%的催化剂要立刻用水浸润？
3. 为什么最后的聚醚产物要保存在氮气中？不然会有什么变化？

实验五十七　β-甲基肉桂酸的制备

一、实验目的

1. 熟悉该实验中各步反应的原理。
2. 掌握 β-甲基肉桂酸的制备方法。

二、实验原理

$$C_6H_5COCH_3 + BrCH_2COOCH_2CH_3 \xrightarrow[H_2O]{Zn} C_6H_5C(OH)(CH_3)CH_2COOCH_2CH_3 + ZnBrOH$$

$$C_6H_5C(OH)(CH_3)CH_2COOCH_2CH_3 \xrightarrow{POCl_3} C_6H_5C(CH_3){=}CHCOOCH_2CH_3 + H_2O$$

$$C_6H_5C(CH_3){=}CHCOOCH_2CH_3 + H_2O \xrightarrow[2)\ HCl]{1)\ KOH} C_6H_5C(CH_3){=}CHCOOH + C_2H_5OH$$

三、药品和仪器

药品：6.0g 苯乙酮，8.5g 溴代乙酸乙酯，4.0g 粒状锌，无水苯，3mL 氧氯化磷，乙醇，氢氧化钾，盐酸，无水氯化钙，活性炭，乙醚，石油醚。

仪器：250mL 三口烧瓶，150mL 圆底烧瓶，滴液漏斗，直型冷凝管，回流冷凝管，200mL 分液漏斗，汞封机械搅拌器，减压蒸馏装置，锥形瓶，布氏漏斗。

四、实验步骤

1. β-甲基-β-苯基-β-羟基丙酸乙酯的制备

在一只装有带氯化钙干燥管的回流冷凝管、汞封机械搅拌器和滴液漏斗（亦带有氯化钙干燥管）的250mL三口烧瓶内，放置6.0g苯乙酮、4.0g很细的粒状锌和20mL无水苯。将混合物置于水浴上加热至微微沸腾，开动搅拌器，在1.5～2h内从滴液漏斗中缓缓滴加8.5g新蒸过的溴代乙酸乙酯[1] 溶于5mL无水苯的溶液[2]。溴代乙酸乙酯加完后，将混合物在搅拌下加热3h，然后冷却，置于分液漏斗中与10mL 20%的盐酸一起振摇，使锌有机化合物分解。把苯层分出，用水洗涤，用氯化钙干燥。蒸出苯，将残留的油状物进行减压蒸馏，沸点146～147℃/15mmHg；153～154℃/20mmHg。

β-甲基-β-苯基-β-羟基丙酸乙酯的产量为9～10g（理论产量的85%～95%）。

2. β-甲基肉桂酸乙酯的制备

于150mL圆底烧瓶内，将9g β-甲基-β-苯基-β-羟基丙酸乙酯溶于36mL无水苯中，加入3mL氧氯化磷，回流0.5h。将混合物冷却，倒入分液漏斗，分出苯层，用水洗涤两次以除去氧氯化磷，然后用氯化钙干燥。除去苯，将残余物进行减压蒸馏，沸点146～147℃/15mmHg；153～154℃/20mmHg。

β-甲基肉桂酸乙酯的产量为7.0～7.5g（理论产量的84%～92%）；几乎为无色的油状物。

3. β-甲基肉桂酸的制备

在150mL圆底烧瓶中，将7g β-甲基肉桂酸乙酯、17.5mL乙醇和3.5mL 50%的氢氧化钾的水溶液混合加热回流2h。将溶液倒于85mL水中，用乙醚提取一次以除去不溶于氢氧化钾溶液的副产物，然后在水浴上加热把大部分乙醇和溶于混合物中的少量乙醚出去。冷却后的β-甲基肉桂酸钾盐溶液用事先以冰冷却过的10%盐酸酸化，析出为黄色的β-甲基肉桂酸沉淀。后者用石油醚重结晶，所用的溶剂质量为产物的2.25倍。

β-甲基肉桂酸的产量为4.5～5g（理论产量的75%～80%），熔点为97～98℃。

五、注意事项

[1] 溴代乙酸乙酯是很强的催泪剂，必须在通风橱内小心操作。

[2] 很稀反应混合物和溴代乙酸乙酯的缓慢加入可防止生成琥珀酸乙酯的副反应。

六、思考题

[1] 第一步反应中可以使用格式试剂代替吗？为什么？

[2] 第二步反应中，氧氯化磷起的是什么作用，可以用其他试剂代替吗？为什么？

[3] 最后一步酯的水解反应中，用酸代替行吗？可以的话各有什么好处？

实验五十八　β-氨基酸酯衍生物的手性合成

一、实验目的

1. 了解并掌握烯醇式Michael加成反应。

2. 熟悉无水反应的操作。

3. 熟悉手性底物控制下的手性合成。

4. 掌握酯的四氢铝锂还原。

二、实验原理

在有机合成中得到手性产物的方法有四种：①手性源的不对称反应（chiralpool）；②手性助剂的不对称反应（chiral auxiliary）；③手性试剂的不对称反应（chiral reagent）；④不对称催化反应（chiral catalysis 或 asymmetric catalytic reaction）。

本实验采用手性源［(S)-*N*-苄基-(*α*)-甲基苄胺］控制下的不对成合成 *β*-氨基酸酯衍生物。

C_9H_{19} … CO_2Et ⟶ C_9H_{19} … N(Bn)(CH(CH$_3$)Ph) … CO_2Et

C_9H_{19} … N(Bn)(CH(CH$_3$)Ph) … CO_2Et ⟶ C_9H_{19} … N(Bn)(CH(CH$_3$)Ph) … CH_2OH

三、药品和仪器

药品：14g（66mmol）(S)-*N*-苄基-(*α*)-甲基苄胺，200mL 无水四氢呋喃，33mL 2mol/L 丁基锂，14.5g（54mmol）*α*、*β*-不饱和酯，饱和氯化铵溶液，乙酸乙酯，石油醚（60～90℃），100mL 无水四氢呋喃，2.4g（62.6mmol）四氢铝锂，15%氢氧化钠，水。

仪器：500mL 茄形瓶，Y 形管，三通，注射器，500mL 三口烧瓶，滴液漏斗。

四、实验操作

1. β-氨基酸酯的手性合成

在干燥的 500mL 茄形瓶中加入 14g（66mmol）(S)-*N*-苄基-(*α*)-甲基苄胺[1] 安装上 Y 形管，其中一个口用胶塞塞住，另一口处安装一个绑有氮气球的三通，反复换气后（保证没有水气和氧气），加入 200mL 无水四氢呋喃[2]，冷却至－78℃，在磁力搅拌情况下向其中加入 33mL 2mol/L 丁基锂[3]，溶液变为粉红色[4]，加完后搅拌 2h，在此期间温度逐渐升至－20℃，再冷却至－78℃，在剧烈搅拌下用注射器向其中加入 14.5g（54mmol）*α*、*β*-不饱和酯的 50mL 四氢呋喃溶液，可发现溶液颜色逐渐变为浅黄色，反应几分钟后，溶液颜色又加深，迅速加入饱和氯化铵溶液淬灭反应[5]，分出有机层，水相用乙酸乙酯进行萃取。合并有机相，干燥，浓缩，柱色谱分离，得到产品化合物，产率 90%。

2. β-氨基酸酯衍生物的还原

在干燥的 500mL 三口烧瓶上安装好滴液漏斗，绑有氮气球的三通。称取 10g

(20.9mmol) 上步产物溶于100mL无水四氢呋喃中。将2.4g (62.6mmol) 四氢铝锂加入到干燥的三口烧瓶中，加入100mL无水四氢呋喃。在冰水浴条件下，将四氢呋喃溶液缓慢地滴加到四氢铝锂的四氢呋喃悬浊液中，滴加完毕后，让温度自然升至室温，搅拌过夜。反应完毕后，依次分别加入2.4mL水[6]，2.4mL15%氢氧化钠溶液，2.4mL水淬灭反应[7]，搅拌至出现白色固体，硅胶过滤，旋干得到产品8.1g，产率89%。

五、注意事项

[1] (S)-*N*-苄基-(α)-甲基苄胺是由 (S)-(α)-甲基苄胺经过苄基保护后得到的，是由 (S)-(α)-甲基苄胺与苯甲醛进行缩合得到烯胺，后者经过硼氢化钠还原得到。缩合很容易进行，进行还原时，还原剂的加入一定要慢，否则容易冲出。

氨基的保护——苄基保护

将α-甲基苄胺121g (1mol) 溶于400mL无水甲醇中，再加入110mL (1mol) 苯甲醛，室温反应3h，然后在冰水冷却下分批加入38g $NaBH_4$，自然升到室温反应至结束。减压蒸去甲醇，残余物加入500mL二氯甲烷，水洗，饱和食盐水洗，无水硫酸镁干燥。减压蒸馏 (2～4mmHg)，收集128～135℃的馏分，得产品186g (85%)。

[2] 四氢呋喃必须是经过无水处理的。

[3] 丁基锂如果是1.6mol/L浓度的，要进行换算。

[4] 粉红色为碳负离子的颜色。

[5] 这个反应很快，有时几秒钟就可完成，实验者要仔细观察。

[6] 加入水、15%氢氧化钠溶液时要慢，速度快了，就会有凝块出现。

[7] 该反应的关键是淬灭过程，如果淬灭过程中出现大量凝块，可加入未经处理的四氢呋喃，搅拌一阵后，凝块就会消失。

六、思考题

1. 丁基锂的作用是什么?
2. 为什么在反应过程中溶液颜色又会加深?
3. 为什么所用的四氢呋喃必须经过无水处理?
4. 待溶液颜色再次加深后，不及时进行淬灭，结果会如何?
5. 使用四氢铝锂应注意什么?
6. 在反应结束时，水如果加过量会出现什么后果?
7. 在滴加原料过程中为什么要冰水浴?
8. 在反应中四氢铝锂的用量很大，可不可以减少? 少到何种程度合适?

实验五十九 2,4-二甲基吡咯-5-羧酸乙酯-3-羧酸的合成

一、实验目的

1. 掌握重氮化的原理和实验操作过程。

2. 了解 Knorr 吡咯合成原理和反应条件。

二、实验原理

Knorr 吡咯合成是一个常用的合成吡咯衍生物的有机合成反应。

Knorr 吡咯合成反应是在锌和乙酸存在下，用 α-氨基酮和具有更强 α-活泼氢的 β-酮酯或 β-二酮类化合物进行缩合，得到吡咯或其衍生物。

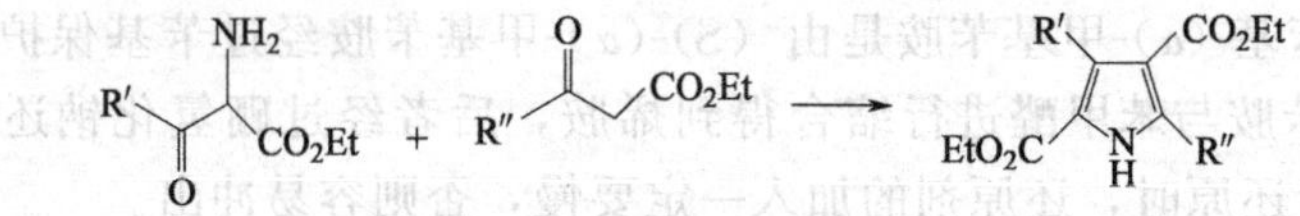

本实验以苯胺和乙酰乙酸乙酯为原料，经重氮化、环化等反应得到吡咯衍生物。

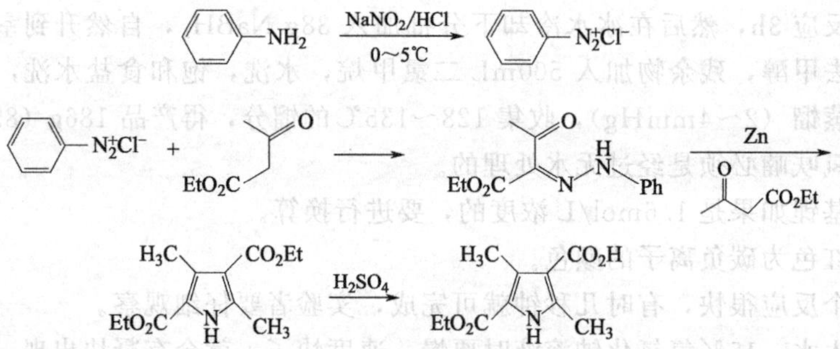

三、药品和仪器

药品：2.0g（21mmol）苯胺，1.5g（22mmol）亚硝酸钠，浓盐酸 7mL，10.1g（123mmol）乙酸钠，5.4g（41mmol）乙酰乙酸乙酯，5.0g（77mmol）锌粉，3.0g（13mmol）2,4-二甲基吡咯-3,5-二羧酸乙酯（自制），浓硫酸 10mL，氢氧化钠，冰乙酸，甲醇，乙醇。

仪器：100mL 圆底烧瓶，温度计，常压蒸馏装置，抽滤装置，分液漏斗，水蒸气蒸馏装置。

四、实验步骤

1. 2,4-二甲基吡咯-3,5-二羧酸二乙酯的合成

将 2.0g（21mmol）苯胺溶在含有 7mL 浓盐酸和 23mL 水的稀盐酸溶液烧杯中，温度控制在 0～5℃[1]，在充分搅拌下，滴加 1.5g（22mmol）亚硝酸钠溶于 7mL 水中的溶液。在 500mL 的烧杯中将 10.1g 乙酸钠溶于 18mL 水所得溶液和乙酰乙酸乙酯 2.9g（22mmol）溶于 69mL 乙醇的溶液混合，使得部分乙酸钠析出。在 10℃时，将上述重氮盐溶液[2] 滴入该悬浮液中。滴加完后，黄色的腙开始结晶析出，加几滴水以使结晶完全。在室温下放置 30min，抽滤，用 1∶1 的乙醇-水洗涤，干燥，得到黄色的粉末，产量约 4.5g，熔点：68～70℃。

将 2.5g（19mmol）乙酰乙酸乙酯、8mL 冰醋酸加入 100mL 圆底烧瓶中，将 1.2g

锌粉加入其中，加热至80℃。在搅拌下慢慢地滴加4.5g（19mmol）苯腙基乙酰乙酸乙酯和6mL冰乙酸配成的溶液，反应放热。在约10min内，将其余3.8g锌粉（总共：77mmol）分数次加入。升温至90℃，反应物在该温度下搅拌1h。

将反应液冷却，加入20mL水，过滤。用甲醇把固体抽提几次，浓缩甲醇溶液。残留物用乙醇-水（3∶2）重结晶，得到无色针状物。干燥，产量3.0g，熔点：134～135℃。

2. 2,4-二甲基吡咯-5-羧酸乙酯-3-甲酸的合成

将3.0g（13mmol）2,4-二甲基吡咯-3,5-二羧酸乙酯研细，在搅拌下分多次加入到含有10mL的浓硫酸的100mL圆底烧瓶中，加热至40℃，并在该温度下继续搅拌20min。把反应液冷却，小心倒入100g的冰中，搅拌，过滤。固体用冰水洗涤至中性。粗产品悬浮于50mL水中，搅拌下加入5mol/L的氢氧化钠溶液直到水溶液变为碱性，使大部分固体溶解，继续搅拌30min，抽滤。滤液用1mol/L硫酸酸化，以使产物沉淀。过滤，用冰水洗数次。所得粗品用乙醇重结晶，干燥，得无色针状晶体。产量约2.0g，熔点：273～274℃（分解）。

五、注意事项

[1] 大多数重氮盐很不稳定，室温就会分解放出氮气，且增加副产物，故必须严格控制反应温度。

[2] 重氮盐溶液易被分解或氧化，生成应尽快使用。

六、思考题

1. 重氮化反应为什么要将温度控制在5℃以下？
2. 请写出本实验产物的Knorr吡咯合成反应机理。

实验六十　香豆素-3-羧酸

一、实验目的

1. 掌握Perkin反应的原理和实验操作过程。
2. 了解香豆素的合成方法和反应条件。

二、实验原理

芳香醛和酸酐在相应酸的碱金属盐存在下共热，可以发生类似羟醛缩合的反应，当酸酐包含两个α-氢时，通常生成α,β-不饱和芳香酸，称为Perkin反应。催化剂通常是相应酸酐的羧酸钾或钠盐，有时也可用碳酸钾或叔胺代替，典型的例子就是肉桂酸的制备。

$$C_6H_5CHO+(CH_3CO)_2O \xrightarrow[170\sim180℃]{CH_3CO_2K} C_6H_5HC{=}CHCO_2H+CH_3CO_2H$$

本实验采用改进的方法进行合成，用水杨醛和丙二酸酯在有机碱的催化下，可以在较低温度下合成香豆素衍生物。这种合成方法称为 Knoevenagel 缩合反应。它是醛、酮在弱碱（胺、吡啶等）催化下，与具有活泼 α-氢原子的化合物缩合。由于活泼亚甲基化合物优先与弱碱反应生成碳负离子，降低了醛分子间发生羟醛缩合的可能性，因而该反应有较高的收率。

$$\text{(OH, CHO)} + CH_2(CO_2C_2H_5)_2 \xrightarrow{\text{哌啶}} \text{(香豆素-3-}CO_2C_2H_5\text{)}$$

$$\xrightarrow{NaOH} \text{(}CO_2Na, CO_2Na, ONa\text{)} \xrightarrow{HCl} \text{(香豆素-3-}COOH\text{)}$$

三、药品和仪器

药品：2.5g（2.1mL，0.020mol）水杨醛，3.6g（3.4mL，0.0225mol）丙二酸酯，无水乙醇，六氢吡啶，冰醋酸，95%乙醇，氢氧化钠，浓盐酸，无水氯化钙。

仪器：50mL 圆底烧瓶，锥形瓶，干燥管，温度计，磁力搅拌器，回流装置，抽滤装置，重结晶装置。

四、实验步骤

1. 香豆素-3-甲酸乙酯的合成

在干燥的 50mL 圆底烧瓶中，加入 2.1mL 水杨醛、3.4mL 丙二酸酯、15mL 无水乙醇、0.3mL 六氢吡啶和一滴冰醋酸，放入搅拌子，装上回流冷凝管，冷凝管上口接一氯化钙干燥管。在水浴上加热回流 2h，稍冷后将反应物转移到锥形瓶中，加入 15mL 水，置于冰浴中冷却，待结晶完全后，过滤，晶体每次用 1～2mL 50%冰冷过的乙醇洗涤 2～3 次。粗产品为白色晶体，经干燥后称重约 3g，熔点为 92～93℃。粗产物可用 25%乙醇水溶液重结晶，熔点 93℃。

2. 香豆素-3-羧酸

在 50mL 圆底烧瓶中加入 2g 香豆素-3-甲酸乙酯、1.5g 氢氧化钠、10mL 95%乙醇和 5mL 水，加入搅拌子，装上回流冷凝管，用水浴加热至酯溶解后，再继续回流 15min。稍冷后，在搅拌下将反应混合物加到盛有 5mL 浓盐酸和 25mL 水的烧杯中，立即有大量白色结晶析出，在冰浴中冷却使结晶完全。抽滤，用少量冰水洗涤结晶，压干，干燥后称重 1～1.5g，熔点 188℃。粗产品可用水重结晶。纯粹香豆素-3-羧酸的熔点为 190℃（分解）。

五、思考题

1. 试写出利用 Knoevenagel 反应制备香豆素-3-羧酸的反应机理。反应中加入醋酸的目的是什么?

2. 如何利用香豆素-3-羧酸制备香豆素?

实验六十一　ε-己内酰胺

一、实验目的

1. 掌握 Beckmann 重排的原理和实验操作过程。
2. 了解 ε-己内酰胺的合成方法和反应条件。

二、实验原理

在烃基从碳原子上迁移到氮原子上的重排反应中，最重要的莫过于酮肟类转变为 *N*-取代的酰胺，即 Beckmann 重排。

常用的重排试剂有 H_2SO_4、PCl_5、BF_3、$SOCl_2$ 等，若生成的酰胺是水溶性的，则用三氟乙酐作为重排试剂，可得到更好的结果。除了用强酸、强脱水剂作为催化剂外，近年来发现，三氯化铝、六次甲基磷铵、高铼酸铵等均可作为 Beckmann 重排的有效催化剂。这一重排反应最有趣的特点在于不是取决于迁移基团或 R′的本质，而是取决于它们立体化学上的排列。几乎毫无例外的是，只有与羟基成反式的 R 基团才能从碳迁移到氮：

$$\mathrm{R(R')C{=}N{-}OH} \xrightarrow{\text{酸}} \mathrm{R(HO)C{=}N{-}R'} \rightleftharpoons \mathrm{R{-}C({=}O){-}NH{-}R'}$$

Beckmann 重排在立体化学上的用途是确定酮肟的构型，而在生产上则大规模地应用于制备高聚物尼龙-6 的单体，即从环己酮肟生成环状的己内酰胺。我们也可以利用此方法在实验室对己内酰胺进行合成。

$$\text{环己酮} \xrightarrow{NH_2OH} \text{环己酮肟 (C=N—OH)} + H_2O$$

$$\text{环己酮肟 (C=N—OH)} \xrightarrow[\text{2) } NH_3,\ H_2O]{\text{1) } 95\%H_2SO_4} \text{ε-己内酰胺}$$

三、药品和仪器

药品：9.8g (10.5mL，0.1mol) 环己酮，9.8g (0.14mol) 羟胺盐酸盐，14g 结晶醋酸钠，20%氢氧化铵溶液，85%硫酸。

仪器：250mL 三口烧瓶，锥形瓶，烧杯，温度计，滴液漏斗，分液漏斗，减压蒸馏装置，抽滤装置，磁力搅拌器。

四、实验步骤

1. 环己酮肟的合成

在 250mL 锥形瓶中，将 9.8g 羟胺盐酸盐及 14g 结晶醋酸钠溶于 30mL 水中，温热此溶液，使温度达到 35～40℃。分批加入 10.5mL 环己酮，每次 2mL，边加边摇荡，此时即有固体析出。加完后，用橡胶塞塞紧瓶口，激烈摇振 2～3min，环己酮肟呈白色粉状结晶析出[1]。冷却后，抽滤并用少量水洗涤。抽干后在滤纸上进一步压干。干燥后环己酮肟为白色晶体，熔点 89～90℃。

2. 环己酮肟重排制备己内酰胺

在 500mL 烧杯中[2]，加入 10g 环己酮肟及 20mL 85%硫酸，转动烧杯使二者很好混溶。在烧杯内放一支 200℃温度计，小火加热。当开始有气泡时（约 120℃），立即移去火源，此时发生强烈的放热反应，温度很快自行上升（可达 160℃），反应在几秒钟内即完成。稍冷后，将此溶液倒入 250mL 三口烧瓶中，并在冰盐浴中冷却。三口烧瓶上分别装置搅拌器、温度计及滴液漏斗。当溶液温度下降至 0～5℃时，在不停搅拌下小心滴入 20%氢氧化铵溶液[3]。控制溶液温度在 20℃以下，以免己内酰胺在温度较高时发生水解，直至溶液恰对石蕊试纸呈碱性（通常需加 60mL 20%氨水），约 1h 加完。

粗产物倒入分液漏斗，分出水层，油层转入 25mL 克氏蒸馏瓶，进行减压蒸馏。收集 127～133℃/0.93kPa（7mmHg）、137～140℃/1.6kPa（12mmHg）或 140～144℃/1.86kPa（14mmHg）的馏分[4]。馏出物在接收瓶中固化成无色结晶，熔点 69～70℃，产量 5～6g。己内酰胺易吸潮，应贮于密闭容器中。

纯粹己内酰胺为白色晶体，熔点 60～70℃。

五、注意事项

[1] 若此时环己酮肟呈白色小球状，则表示反应还未完全，须继续振摇。

[2] 由于重排反应进行得很剧烈，故须用大烧杯以利于散热，使反应缓和。环己酮肟的纯度对反应有影响。

[3] 用氨水进行中和时，开始要加得很慢，因此时溶液较黏，发热很厉害，否则温度突然升高，影响收率。

[4] 己内酰胺也可用重结晶方法提纯，将粗产物转入分液漏斗，用四氯化碳萃取 3 次，每次 10mL，合并萃取液，用无水硫酸镁干燥后，滤入一干燥的锥形瓶。加入沸石后在水浴上蒸去大部分溶剂，到剩下 8mL 左右溶液为止。小心向溶液加入石油醚（30～60℃），到恰好出现混浊为止。将锥形瓶置于冰浴中冷却结晶，抽滤，用少量石油醚洗涤结晶。如加入石油醚的量超过原溶液 4～5 倍仍未出现混浊，说明开始所剩下的四氯化碳量太多。需加入沸石后重新蒸去大部分溶剂直到剩下很少量四氯化碳时，重新加入石油醚进行结晶。己内酰胺的重结晶对大多数学生的重结晶技术无疑是一个考验。

六、思考题

1. 制备环己酮肟时，加入醋酸钠的目的是什么？

2. 反式甲基乙基酮肟 $\begin{matrix} H_3CH_2C & & \\ & C{=}N & \\ H_3C & & OH \end{matrix}$ 经 Beckmann 重排得到什么产物？

3. 某肟发生 Beckmann 重排后得到一化合物 $C_3H_7\overset{O}{\overset{\|}{C}}NHCH_3$，试推测该肟的结构。

实验六十二 植物生长调节剂的制备

一、实验目的

1. 加深对卤代烃亲核取代反应的理解。

2. 了解 2,4-二氯苯氧乙酸是一个较好的除草剂和植物生长调节剂。

二、实验原理

2,4-二氯苯氧乙酸是一个世人熟知的除草剂和植物生长调节剂，是 20 世纪开发最成功、全球应用最广的除草剂之一，从 1942 年上市以来，半个多世纪持续占有显著的市场份额。广泛用于预混、芽后防治一年及多年生阔叶杂草。它是选择性内吸除草剂，易被杂草的根和叶吸收。它的合成路线如下：

$$ClCH_2COOH \xrightarrow{Na_2CO_3} ClCH_2COONa \xrightarrow[NaOH]{PhOH} PhOCH_2COONa \xrightarrow{HCl}$$

$$PhOCH_2COOH \xrightarrow[H_2O_2/FeCl_3]{HCl} p\text{-}ClPhOCH_2COOH \xrightarrow[HCl]{2NaOCl} 2,4\text{-}Cl_2PhOCH_2COOH$$

三、药品和仪器

药品：3.8g（0.04mol）氯乙酸，2.5g（0.027mol）苯酚，饱和碳酸钠溶液，35%氢氧化钠溶液，冰醋酸，浓盐酸，过氧化氢（33%），次氯酸钠，乙醇，乙醚，四氯化碳，刚果红试纸。

仪器：磁力搅拌器，100mL 三口烧瓶，滴液漏斗，回流冷凝管，烧杯。

四、实验步骤

1. 苯氧乙酸的制备

在配有滴液漏斗、磁力搅拌、回流冷凝管的三口烧瓶中加入 3.8g 氯乙酸和 5mL 水，搅拌，慢慢滴加 7mL 饱和 Na_2CO_3 溶液，必要时加固体 Na_2CO_3[1] 至 pH 7～8。加入 2.5g 苯酚，滴加 35% NaOH 溶液至 pH＝12。加热回流 0.5h，保持 pH＝12，继续反应 15min。反应完毕，趁热转移到烧杯中，用浓盐酸酸化至 pH＝3～4，冰浴冷却析出固体。抽滤，冷水洗涤，干燥。得 3～4g 苯氧乙酸，熔点：98～99℃。

2. 对氯苯氧乙酸的制备

在配有滴液漏斗、磁力搅拌、回流冷凝管的三口烧瓶中加入 3g 上述产品和 10mL 冰醋酸，水浴加热搅拌，待水温 55℃时，加 20mg $FeCl_3$ 和 10mL 浓 HCl[2]。水温升到约 65℃时在 10min 内滴加 3mL 33% H_2O_2[3]。保持 65℃反应 20min，升温使瓶内固体溶解，冷却析出结晶。抽滤，适量水洗涤，干燥得 3g 对氯苯氧乙酸，熔点：158～159℃。

3. 2,4-二氯苯氧乙酸的制备

在 100mL 锥形瓶中加入 1g 上述产品和 12mL 冰醋酸，搅拌使之溶解。将锥形瓶置于冰浴中冷却，在摇动下分批加 19mL 5%的 NaClO[4]。将锥形瓶取出冰浴，升至室温保持 5min，反应液变深，向瓶中加 50mL 水，并用 6mol/L 盐酸酸化至刚果红试纸变蓝，用乙醚萃取 2 次，每次 25mL。合并醚层，先用 15mL 水洗涤，再用 15mL 10% Na_2CO_3 洗，产品转为盐进入 Na_2CO_3 水层，加 25mL 水，用 6mol/L 盐酸酸化至刚果红试纸变蓝，有晶体析出，抽滤，干燥，得约 0.5g 2,4-二氯苯氧乙酸，熔点：136～140℃。

五、注意事项

［1］氯乙酸较易水解，加饱和 Na_2CO_3 使之成盐，防止氯乙酸水解，滴加碱液的速度宜慢。Na_2CO_3 浓度过稀会带入较多水分，致使酸化后，产品难析出。

［2］开始加浓 HCl 时，$FeCl_3$ 水解会有 $Fe(OH)_3$ 沉淀生成。继续加 HCl 又会溶解。

［3］HCl 勿过量，滴加 H_2O_2 宜慢，严格控温，让生成的 Cl_2 充分参与亲核取代反应。Cl_2 有刺激性，特别是对眼睛、呼吸道和肺部器官。应注意操作勿使逸出，并注意开窗通风。

［4］严格控制温度、pH 和试剂用量是该制备实验的关键。NaClO 用量勿多，反应保持在室温以下。

六、思考题

1. 为什么氯乙酸要生成盐再进行反应？

2. 从亲核取代反应、亲电取代反应和产品分离纯化的要求等方面说明本实验中各步反应调节 pH 值的目的和作用。

实验六十三　对氨基苯磺酰胺（磺胺）的制备

一、实验目的

1. 了解氯磺化反应的原理及操作方法。

2. 了解氨基的保护与原理。

二、实验原理

$$\underset{C_6H_5}{NH_2} \xrightarrow[2)\ HOAc]{1)\ (CH_3CO)_2O} \underset{C_6H_5}{NHCOCH_3} \xrightarrow{ClSO_3H} \underset{SO_2Cl}{\underset{C_6H_4}{NHCOCH_3}}$$

$$\xrightarrow{NH_3} \underset{SO_2NH_2}{\underset{C_6H_4}{NHCOCH_3}} \xrightarrow[2)\ HCO_3^-]{1)\ H_3^+O} \underset{SO_2NH_2}{\underset{C_6H_4}{NH_2}}$$

三、药品和仪器

药品：7.5g（0.055mol）乙酰苯胺，氯磺酸，浓氨水，浓盐酸，碳酸钠。

仪器：锥形瓶，吸滤瓶，烧杯，圆底烧瓶，布氏漏斗，吸滤瓶。

四、实验步骤

1. 乙酰氨基苯磺酰氯的制备

在干燥的 100mL 锥形瓶中，放入 7.5g（0.055mol）干燥的乙酰苯胺，在石棉网上用小火加热使之熔化。若瓶壁上有少量凝结的水珠出现，则用干净的滤纸擦干。冷却使熔化物凝结成块[1]，将锥形瓶置于冷水浴中充分冷却后，一次迅速加入 15mL（0.23mol）氯磺酸[2]，并立即塞上预先配好的带有氯化氢吸收装置的塞子，如图 5.1 所示[3]，反应很快发生，若反应过于剧烈，可适时用冷水浴冷却。当反应缓和后，轻轻摇动锥形瓶以使固体全部反应。待固体全部溶解后，再用温水浴加热约 10min 至不再有氯化氢气体产生为止。

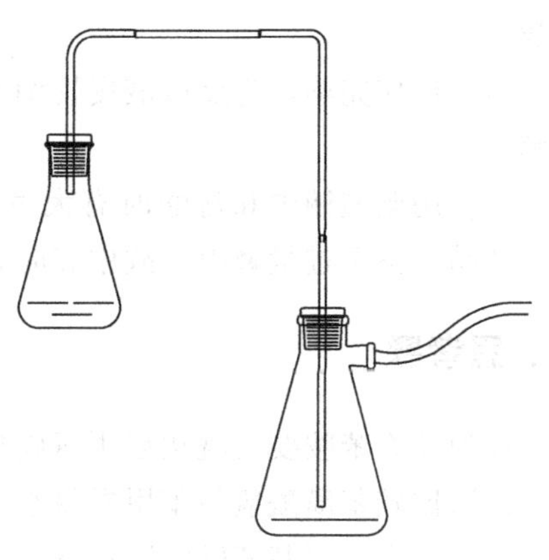

图 5.1　制备对乙酰氨基苯碘酰氯的装置

将反应瓶在冷水浴中充分冷却。然后放至通风橱中，在强烈搅拌下，将反应液以细流慢慢倒入盛有 120g 碎冰的大烧杯中[4]（这步是关键，一定要慢，搅拌充分）。用少量冷水洗涤反应瓶，洗涤液也倒入烧杯中，搅拌数分钟后，出现白色固体并尽量将大块压碎使成细粒状。抽滤，少量冷水洗涤，压干，粗产品不必干燥或提纯，但须很快进行下一步反应，因粗产品在酸性条件下不稳定，易分解。

产量约 6g，纯对乙酰氨基苯磺酰氯是无色针状晶体，熔点：149℃。

2. 乙酰氨基苯磺酰胺制备

将上述粗产物放入烧杯中，在不断搅拌下慢慢加入 26mL（0.66mol）浓氨水，此时产生白色糊状物。加完后，继续搅拌 15min。然后加入 20mL 水，在石棉网上小火搅拌加热 10min 以除去多余的氨。产量约 5g，纯对乙酰氨基苯磺酰胺为无色针状晶体，熔点：219～220℃。

3. 对氨基苯磺酰胺的制备

将上述反应物放入 100mL 圆底烧瓶中，加入 5mL（0.16mol）浓盐酸，投入沸石后装上回流冷凝管，然后在石棉网上用小火加热回流半小时。冷却后，应得几乎澄清的溶液。若有固体析出，则测一下溶液的酸碱性，不呈酸性时酌情补加盐酸，并继续加热回流约 15min，过滤。将溶液或滤液倒入烧杯中，在不断搅拌下慢慢加入碳酸钠固体[5]至恰呈碱性（约 6g）。此时有固体磺胺析出，冷却后抽滤，用少量水洗涤、压干。粗产品可用水重结晶。

产量约 4g，纯对氨基苯磺酰胺为白色叶片状晶体，熔点：165～166℃。

五、注意事项

［1］氯磺化反应较激烈，将乙酰苯胺凝结成块状后再反应，可使反应较缓和。

［2］氯磺酸有强烈的腐蚀性，遇空气会冒出大量氯化氢气体！故取用时必须特别注意不能碰到皮肤和水。含氯磺酸的废液也不能倒入水槽。

［3］实验装置要密封，导气管的末端接近水面而不能碰到，以免倒吸而发生严重事故。

［4］反应完毕，将反应液慢慢倒入碎冰中，防止局部过热而使对乙酰氨基苯磺酰氯水解。

［5］用碳酸钠中和盐酸时有大量二氧化碳气体产生，故需不断搅拌，以免产品溢出；产品可溶于过量碱中，故中和时必须控制碳酸钠的用量，以免降低产量。

六、思考题

1. 为什么苯胺要乙酰化后再氯磺化？直接氯磺化可否？
2. 试比较苯磺酰氯与苯甲酰氯水解反应的难易。
3. 为什么对氨基苯磺酰胺可溶于过量的碱液中？

实验六十四　局部麻醉剂苯佐卡因的制备

一、实验目的

1. 了解多步反应的合成思路。
2. 进一步了解氨基的保护、苯甲基的氧化和酯化反应。

二、基本原理

$$\text{(4-}CH_3\text{-}C_6H_4\text{-}NH_2) \xrightarrow{(CH_3CO)_2O} \text{(4-}CH_3\text{-}C_6H_4\text{-}NHCOCH_3) \xrightarrow[2)\ H^+,\ H_2O]{1)\ KMnO_4} \text{(4-}NH_2\text{-}C_6H_4\text{-}CO_2H) \xrightarrow[H_2SO_4]{C_2H_5OH} \text{(4-}NH_2\text{-}C_6H_4\text{-}CO_2C_2H_5)$$

三、药品和仪器

药品：7.5g（0.07mol）对甲苯胺，8mL（0.085mol）乙酸酐，12g结晶乙酸钠，20.5g（0.13mol）$KMnO_4$，20g结晶硫酸镁，95%乙醇，冰醋酸，盐酸，氨水，硫酸，10%碳酸钠，乙醚，无水硫酸镁。

仪器：500mL烧杯，100mL烧杯，抽滤装置，100mL圆底烧瓶，250mL圆底烧瓶，回流冷凝管。

四、实验步骤

1. 对甲基乙酰苯胺的制备

在100mL烧杯中配制12g结晶乙酸钠溶于20mL水的溶液，预热到50℃。将7.5g（0.07mol）对甲苯胺、175mL水、7.5mL浓盐酸[1] 分别加入到500mL烧杯中预热到50℃，加入8mL乙酸酐，马上倒入上述配制并预热好的乙酸钠溶液，充分搅拌后将反应液放在冰水中冷却结晶，抽滤，用少量冷水洗涤晶体，干燥称重，得7.5g对甲基乙酰苯胺，熔点：154℃。

2. 对乙酰氨基苯甲酸的制备

在500mL烧杯中加入7.5g上步制备的对甲基乙酰苯胺、20g结晶硫酸镁[2] 和350mL水，加热到85℃。同时配制20.5g高锰酸钾溶于70mL沸水的溶液，在搅拌下，分批滴加热的高锰酸钾溶液，30min内滴完后，在85℃继续搅拌15min得深棕色溶液，趁热抽滤除二氧化锰沉淀，得紫色滤液。滤液中加入2～4mL乙醇[3] 加热煮沸，直到紫色消失，过滤冷却，用20%硫酸酸化至酸性，得白色固体，抽滤，干燥后得5～6g对乙酰氨基苯甲酸，熔点：250～252℃。

3. 对氨基苯甲酸的制备

在250mL圆底烧瓶中加入上述产品、18%盐酸（每克加5mL），小火加热回流30min，冷却，加30mL水，用10%氨水中和使石蕊试纸呈碱性[4]。每30mL反应溶液加1mL冰醋酸，充分搅拌后在冰浴中冷却结晶，抽滤，干燥得2～4g对氨基苯甲酸，熔点：186～187℃。

4. 对氨基苯甲酸乙酯的制备

在100mL圆底烧瓶中加入2g对氨基苯甲酸，25mL 95%乙醇，摇动使之溶解，冷却，加入2mL浓硫酸，立即产生大量沉淀，加热回流1h。将反应液转入烧杯中，冷却，用10%碳酸钠中和，直至pH为9。将中和后的溶液倾滤到分液漏斗中，用少量乙醚洗涤固体并入分液漏斗中，再加40mL乙醚，振摇后分出醚层，用无水硫酸镁干燥，在水浴上蒸去乙醚、乙醇，得油状残余物约2mL，用乙醇-水重结晶，得对氨基苯甲酸乙酯1g，熔点：91～92℃。

五、注意事项

[1] 加盐酸使对甲苯胺成为盐酸盐而溶解，加醋酸钠溶液可中和过量盐酸，游离出氨基以确保酰化反应顺利进行。

[2] 加结晶硫酸镁的目的是保持弱酸体系。

[3] 加乙醇是为了除过量的高锰酸钾。

[4] 对氨基苯甲酸为两性物质，酸碱都溶，若用氢氧化钠代替氨水中和，难控制溶液的酸度。

六、思考题

1. 对甲苯胺用乙酐进行酰基化反应时，加入乙酸钠的目的是什么？

2. 在用高锰酸钾氧化反应中，加乙醇起什么作用？

3. 对乙酰氨基苯甲酸进行水解反应后，用氢氧化钠能否代替氨水进行中和？

实验六十五　二苯基羟乙酸的合成

安息香的辅酶合成

一、实验目的

1. 了解安息香缩合反应。

2. 理解辅酶维生素 B_1 催化安息香缩合反应的机理。

二、实验原理

安息香缩合一般须在氰化钠（钾）存在下才能进行，而氰化物剧毒，使用不便。硫胺（维生素 B_1）作为一种辅酶亦可催化此类反应。该法不仅反应条件温和，收率较高，且无毒性。其催化机理主要是与硫胺分子中的噻唑环有关，过程可简述如下：硫胺在碱性溶液中，噻唑环C2失去一个质子，产生的碳负离子对苯甲醛的羰基进行亲核进攻，经质子转移，形成烯醇式加成物，再与另一分子苯甲醛的羰基进行亲核反应，生成的加成物即解离成二苯乙醇酮，同时硫胺复原。

三、药品和仪器

药品：10mL（0.09mol）苯甲醛，1.8g 维生素 B_1（盐酸硫胺素），氢氧化钠，乙醇，活性炭。

仪器：100mL 圆底烧瓶，试管，回流冷凝管，锥形瓶，烧杯，布氏漏斗，吸滤瓶。

四、实验步骤

在 100mL 的圆底烧瓶中加入 1.8g 维生素 B_1（盐酸硫胺素）、6mL 蒸馏水和 15mL 95%乙醇，用塞子塞上瓶口。用另一支试管取 5mL 10%氢氧化钠溶液，把上述盛有物料的圆底烧瓶和试管放在冰浴中冷却并进行冷冻 15min，务必使之充分冷冻。将冷透的氢氧化钠溶液（约−5℃）加入冰浴中的圆底烧瓶中[1]，用小量筒取 10mL 新蒸过的苯甲醛[2] 并立即加入圆底烧瓶，充分摇动使混合均匀[3]。然后，在圆底烧瓶上装上回流冷凝管，加几粒沸石，在水浴中慢慢加热，水浴温度控制在 60～75℃之间，勿使反应物剧烈沸腾。反应混合物呈橘黄或橘红色均相溶液。反应约 90min 后撤去水浴，使反应混合物自然冷至室温，此时有浅黄色针状安息香结晶析出，再将圆底烧瓶放到冰浴中冷却令其结晶完全。如果反应混合物中出现油层，重新加热使其变成均相，再慢慢冷却，重新结晶。如有必要可用玻璃棒磨擦瓶内壁，促使其结晶。结晶完全后用布氏漏斗抽滤收集粗产物，用少量冷水分两次洗涤结晶。称重，计算产率。产品约4～5g。

粗品可用 80%乙醇进行重结晶[4]，如产物呈黄色，可加少量活性炭脱色。安息香纯产物为白色针状结晶。熔点：134～136℃。

五、注意事项

[1] 盐酸硫胺素（维生素 B_1）在碱性条件下受热容易分解，维生素 B_1 醇水溶液加碱时必须在冰浴冷却和搅拌下慢慢加入，以确保维生素 B_1 稳定，是本实验成败的关键。

[2] 苯甲醛不能含有苯甲酸，最好用5%碳酸氢钠溶液洗涤后，减压蒸馏，并避光存放。量取速度要快。

[3] 投完原料后，调节pH=9.4～9.6（精密pH试纸）。

[4] 安息香重结晶溶剂：95%乙醇10mL/g（粗）。

二苯基乙二酮的合成

一、实验目的

熟悉把二芳基乙醇酮（安息香）氧化成苯偶酰（α-二酮）的反应方法。

二、实验原理

在酸性条件下，以二价铜为氧化剂，把二芳基乙醇酮氧化成α-二酮：

$$C_6H_5-\overset{O}{\overset{\|}{C}}-\underset{H}{\overset{OH}{\overset{|}{\underset{|}{C}}}}-C_6H_5 \xrightarrow{Cu^{2+}} C_6H_5-\overset{O}{\overset{\|}{C}}-\overset{O}{\overset{\|}{C}}-C_6H_5$$

三、药品和仪器

药品：5g（0.023mol）安息香（自制），15g（0.074mol）乙酸铜，冰醋酸。

仪器：100mL圆底烧瓶，回流冷凝管，抽滤装置。

四、实验步骤

把20mL冰醋酸、10mL水及15g乙酸铜加入100mL圆底烧瓶中，装上回流冷凝管，小火加热至沸，且不时地加以振荡。撤去热源，待沸腾平息后，加入5g安息香。继续加热回流，瓶子中白色固体渐渐消失，并且有红色金属铜沉淀析出，反应约45min。反应完毕，加入50mL水，加热至沸，趁热用布氏漏斗抽滤[1]。滤液冷却后有黄色沉淀析出，抽气过滤，并用冷水洗涤沉淀，至不再有铜离子的蓝色。粗产品用95%乙醇重结晶[2]，产量3g，熔点：92～94℃。

五、注意事项

[1] 趁热抽滤时，速度要快，以免漏斗堵塞，影响产物分离。漏斗最好预热，并可考虑用少量棉花塞在漏斗口进行过滤。因为是在酸性条件下进行热过滤。

[2] 二苯基乙二酮重结晶溶剂95%乙醇3～4mL/g（粗）。

二苯基羟基乙酸的合成

一、实验目的

1. 了解碱性条件下苯偶酰重排反应机理。

2. 学习利用重排反应制备二苯基羟乙酸。

二、实验原理

苯偶酰类化合物在强碱作用下，发生分子内重排生成 α-羟基酸：

$$C_6H_5-\overset{O}{\overset{\|}{C}}-\overset{O}{\overset{\|}{C}}-C_6H_5 \xrightarrow{KOH} (C_6H_5)_2\overset{OH}{\overset{|}{C}}-\underset{O}{\underset{\|}{C}}-OK \xrightarrow{H^+} (C_6H_5)_2\overset{OH}{\overset{|}{C}}-\underset{O}{\underset{\|}{C}}-OH$$

三、药品和仪器

药品：2g（0.09mol）二苯基乙二酮（自制），5mL 95％乙醇，氢氧化钠，浓硫酸。

仪器：50mL 圆底烧瓶，回流冷凝管，布氏漏斗，吸滤瓶。

四、实验步骤

将 5mL 水放入 50mL 圆底烧瓶中，加入 5g 氢氧化钾[1] 并使之溶解，然后加入 5mL 95％乙醇，混合均匀。将 2g 二苯基乙二酮加入其中并振荡。此时溶液呈深紫色。待固体全部溶解后，安装回流冷凝管，水浴上煮沸 15min。加热过程即有固体析出。冷却，冰水中放置 1h 后，抽滤，用少量无水乙醇洗涤固体，得白色二苯基羟乙酸钾盐。将上述钾盐溶于 60mL 水中，过滤除去不溶物。然后，边搅拌边滴加 6％盐酸[2] 至溶液呈弱酸性，即有白色结晶析出。经放置冷却后，抽滤，结晶用冷水洗几次。干燥，称重，粗产物约 1.5g。粗产物可用苯重结晶，产物熔点：147～149℃。

五、注意事项

［1］本重排亦可用氢氧化钠替代氢氧化钾进行。操作与氢氧化钾相同，只是回流加热和冷却后不出现钠盐结晶。

［2］可将反应物倾于 100mL 水中，过滤除去不溶物后，用浓盐酸酸化全刚果红试纸变蓝，即有产品析出。

六、思考题

1. 请写出苯甲醛在氰化钠作用下进行安息香缩合反应的机理。

2. 为什么在安息香缩合反应中，在加入苯甲醛后，反应液的 pH 要保持在 9～10？溶液 pH 过低有什么不好？

实验六十六　异巴豆酸的制备

一、实验目的

1. 熟悉以 Fris 重排制备顺式-α,β-不饱和酸反应的原理。

2. 掌握异巴豆酸的制备方法。

二、实验原理

$$CH_3CH_2COCH_3 + 2Br_2 \longrightarrow CH_3CHBrCOCH_2Br + HBr$$

$$CH_3CHBrCOCH_2Br \xrightarrow[2)\ HCl]{1)\ KHCO_3} \underset{H}{\overset{H_3C}{}}C{=}C\underset{H}{\overset{COOH}{}}$$

三、药品和仪器

药品：7.21g（9mL）丁酮，10mL 48％氢溴酸，32.0g 溴，碳酸氢钾，稀盐酸乙醚，石油醚，无水硫酸镁。

仪器：150mL 和 250mL 三口烧瓶，回流冷凝管，聚四氟乙烯搅拌器，滴液漏斗，温度计，分液漏斗，锥形瓶，25cm 卫得门蒸馏柱，减压蒸馏装置，吸滤瓶，布氏漏斗，旋转蒸发仪。

四、实验步骤

1. 1，3-二溴-2 丁酮的制备

在装有滴液漏斗回流冷凝管和聚四氟乙烯搅拌器的 150mL 三口烧瓶中，加入 7.21g（9mL）丁酮和预冷到 5℃的 10mL 48％氢溴酸的混合物。烧瓶以冰水浴冷却，当混合物的温度达到 5℃时滴加 32.0g 溴[1]。溴的滴加速度要保持反应液的温度不超过 10℃，并且不要使未反应的溴累积起来。加溴完毕后，向反应混合物加入 40mL 水，分离出较重的有机层，并立即用 2.5cm 卫得门蒸馏柱进行减压蒸馏，得 11.5～13.4g（50％～58％）1，3-二溴-2-丁酮纯品[2]，沸点 91～94℃/13mmHg。$n_D^{25}=1.5252$。

2. 异巴豆酸的制备

在装有回流冷凝管、滴液漏斗和聚四氟乙烯搅拌的 250mL 三口烧瓶中，放置 10g 碳酸氢钾溶于 100mL 水的溶液，于 5min 内向此溶液中滴加 4.6g 1，3-二溴-2-丁酮[3]。将混合物充分搅拌约 2～3h，以甲基橙为指示剂，直至显色至衡定时为止。用乙醚提取两次，每次 10mL，弃去醚层。水层以稀盐酸中和至 pH 为 1～2，再用乙醚提取 6 次，每次 10mL。合并乙醚提取液，置冰箱中以无水硫酸镁干燥。滤除干燥剂，以旋转蒸发仪压蒸去乙醚，乙醚收集在以干冰-丙酮冷却的 100mL 容器中。为了使乙醚易于蒸发，可用 5～10℃水浴加热。

异巴豆酸粗产品的产量为 11.8～13.2g（69％～77％），虽然根据核磁共振谱分析，粗产品中含有少量反式异构体，但对许多用途而言，纯度已经达到要求。粗产品贮存时要发生异构化。其纯化方法为：将 1.3g 粗产品于 5℃溶于 25mL 石油醚（沸点 40～65℃），在－15℃放置数天，在 5℃过滤析出的晶体，得 0.93g 产品，熔点 12.5～14℃；$n_D^{25}=1.4453$，此品可在 30℃于暗处贮存 13 周，或在 5℃贮存好几年而没有检出异构化产物。

五、注意事项

[1] 第一步反应不加控制而溴累积时，导致产量降低。此步反应需要 6～8h。

[2] 第一步蒸馏过的产物常有很深的颜色（紫、绿或蓝），但对下步反应并无影响。

[3] 因为强烈起泡，必须慢慢滴加。亦可由反应物的褪色而判定其终点。在搅拌下与反应瓶中进行酸化，可以减轻起泡。

六、思考题

1. 第一步反应完成后若不立即蒸馏，粗品很快开始分解，这是为什么？

2. 第二步反应中蒸发乙醚时，为什么只使用 5～10℃水浴加热，可以使用更高温度的水浴吗？为什么？

3. 第二步反应中使用碳酸氢钾作为碱参与反应，还有哪些试剂可以代替？

实验六十七　乙酰二茂铁的合成

一、实验目的

1. 通过乙酰二茂铁的合成，了解 Friedel-Crafts 反应。

2. 巩固薄层色谱和柱色谱相关技术。

二、实验原理

二茂铁是橙色的固体，它是由两个环戊二烯负离子与亚铁离了结合而成，具有反常的稳定性。其结构类似于夹心饼干，铁原子夹在两个环戊二烯负离子中间，依靠环中的π电子成键，两个环上 10 个碳原子等同地与中间的亚铁离子键合，使后者的外层电子层达到 18 个电子，达到惰性气体的电子结构。分子中有一个对称中心，两个环是交错的。

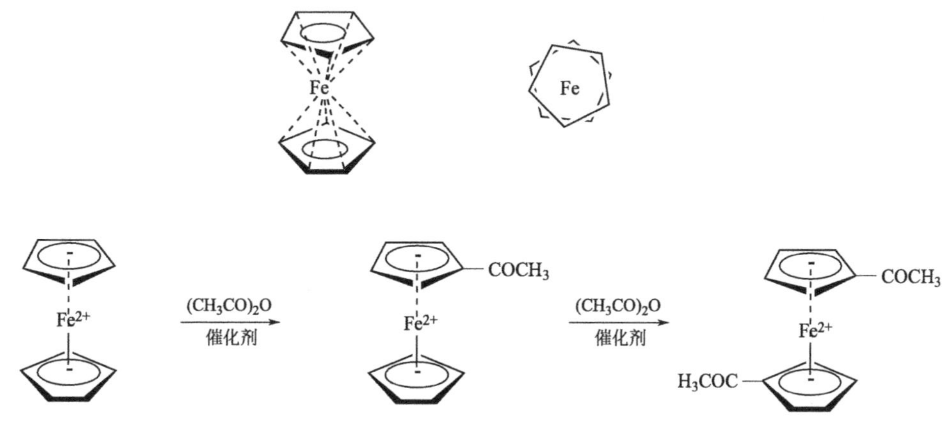

这样的结构使其具有类似苯的芳香性，比苯更容易发生亲电取代反应，例如 Fridel-Crafts 反应。但对于氧化剂过于敏感，使得它的反应通常需要在隔绝空气下进行。二茂铁的酰基化反应由于催化剂和反应条件的不同，可以得到一乙酰二茂铁和 1,1′-二乙酰二茂铁。与苯环反应类似，由于乙酰基的致钝作用，使得两个乙酰基不能在同一个环上。

三、药品与仪器

药品：0.5g（2.7mmol）二茂铁，5.4g（5mL，50.0mmol）乙酸酐，磷酸，碳酸氢钠，石油醚（60～90℃），乙酸乙酯，二氯甲烷。

仪器：圆底烧瓶，干燥管，烧杯，柱色谱装置，旋转蒸发仪。

四、实验步骤

在 50mL 圆底烧瓶中，加入 0.5g 二茂铁和 5mL 乙酸酐（注意！有催泪性），加入搅拌子，在搅拌下用滴管慢慢加入 1mL 85%的磷酸，然后用装有无水氯化钙的干燥管塞住瓶口，室温搅拌 15min，再热水浴加热 15min。将反应液倾入盛有约 20mL 冰水的 200mL 烧杯中，残余物用 5mL 冷水涮洗并入烧杯。在搅拌下，分批加入固体碳酸氢钠，到溶液呈中性为止（要避免溶液溢出和碳酸氢钠过量）。将中和后的反应化合物置于冰浴中冷却 15min，抽滤收集析出的橙黄色固体，每次用 10mL 冰水洗两次，压干后在空气中干燥得粗品。用中性氧化铝装色谱柱（约 5cm 高），用尽量少的二氯甲烷将粗品溶解上柱。先用石油醚洗脱，待浅黄色带流出后，改用 4∶1 石油醚/乙酸乙酯混合溶剂洗脱，收集橙红色带并在旋转蒸发仪上除去溶剂，计算产率。

五、思考题

1. 二茂铁发生二次酰化时，两个酰基为什么处于不同的环上？
2. 制备硝基二茂铁时，可不可以用混酸进行硝化？

第6章 微波辐射有机合成

微波作为一种传输介质和加热能源已被广泛应用于各学科领域。早在1969年，美国科学家Vanderhoff就利用家用微波炉加热进行了丙烯酸酯、丙烯酸和α-甲基丙烯酸的乳液聚合，意外地发现与常规加热相比，微波加热会使聚合速度明显加快，这是微波用于有机合成化学的最早记载，但当时却没引起人们的重视。1986年Gedye及其同事研究了在微波炉中进行的酯化反应，才使得微波技术作为一种新技术在有机合成中应用，这是微波有机合成化学开始的标志。在后来的短短十几年时间里已逐渐发展成了一门新兴交叉学科——MORE化学（Microwave-induced Organic React ions Enhancement Chemistry）即微波促进有机化学，也可叫作微波诱导催化有机反应化学。将微波用于有机合成的研究涉及酯化、Diels-Alder、重排、Knoevenagel、Perkin、Witting、Reformat sky、Dveckman、羧醛缩合、开环、烷基化、水解、烯烃加成、消除、取代、自由基、立体选择性、成环、环反转、酯交换、酯胺化、催化氢化、脱羧等反应及糖类化合物、有机金属、放射性药剂等的合成反应。

与传统加热相比，微波加热可使反应速率大大加快，可以提高几倍、几十倍甚至上千倍，同时由于微波为强电磁波，产生的微波等离子体中常可存在热力学方法得不到的高能态原子、分子和离子，因而可使一些热力学上不可能发生的反应得以发生。微波化学合成不仅能将化学反应时间从几小时缩短到几分钟（一般每小时可完成12～15个化学反应!），而且可以减少副反应，提高产率及重现性。要保证化学反应的效率、产率和良好的重现性，微波化学合成仪是最好的选择。

微波有机合成反应装置也由20世纪80年代的密封反应器发展到20世纪90年代的常压反应器和连续反应器，并具有了控温、自动报警等功能。微波在有机合成中的应用也不断扩大。

实验六十八 微波辐射合成正溴丁烷

一、实验目的

1. 了解微波辐射下合成正溴丁烷的原理。

2. 学习微波加热技术合成正溴丁烷的实验操作方法。

二、实验原理

卤代烷可通过多种方法和试剂进行制备，如烷烃的自由基卤代和烯烃与氢卤酸的亲电加成反应等，但产生的异构体混合物难以分离。实验室制备卤代烷最常用的方法是将结构对应的醇通过亲核取代反应转变为卤代物，常用试剂有卤化氢，三卤化磷，氯化亚砜。

本实验是微波加热条件下利用正丁醇与溴化氢反应制备正溴丁烷，反应式如下：

$$NaBr + H_2SO_4 \longrightarrow HBr + NaHSO_4$$

$$n\text{-}C_4H_9OH + HBr \xrightarrow{H_2SO_4} n\text{-}C_4H_9Br + H_2O$$

三、药品和仪器

药品：1.5mL 浓硫酸，4.6mL 乙醇，冰醋酸，饱和碳酸氢钠，饱和氯化钙，饱和氯化钠，无水硫酸钠。

仪器：200mL、100mL 烧杯，25mL 圆底烧瓶，微型直型冷凝管，回流冷凝管，微波化学合成仪。

四、实验步骤

1. 在 25mL 圆底烧瓶中加入 2mL H_2O，小心分批加入 2.8mL 浓 H_2SO_4[1]，充分摇动混合物后冷至室温。再依次加入 2.0mL 正丁醇，2.6g 溴化钠，充分摇振后加入沸石，装上回流冷凝管，其上端接气体吸收装置，用 5% NaOH 溶液作吸收液，并将反应瓶置于微波化学合成仪中，并开始反应，不久会分出上层液体即正溴丁烷。回流 10min 左右，待反应液冷后，改为蒸馏装置，蒸出粗产物正溴丁烷[2]。

2. 将馏出液移至分液漏斗中，加入等体积的水洗涤。产物转入另一分液漏斗中，用等体积的浓硫酸洗涤，尽量分去硫酸层，有机相依次用等体积 H_2O，饱和 $NaHCO_3$，H_2O 洗涤[3]，然后转入干燥锥形瓶中，用适量的无水 $CaCl_2$ 干燥。

3. 将干燥好的产物过滤到蒸馏瓶中，在石棉网上加热蒸馏，收集 92～94℃的馏分，产量 1.5g。纯品正溴丁烷沸点为 101.6℃。

五、注意事项

［1］硫酸分批加入，冷却后再加，如果加快，易炭化。

［2］蒸馏时蒸至馏出液清亮。

［3］洗涤五次，只有第二次洗涤时产品在下层。

六、思考题

1. 酯化反应有什么特点？

2. 为什么要慢慢分批加入浓硫酸？

3. 为什么开始反应时反应液分为三层，每一层是什么物质？
4. 洗涤时，各步产品在哪层？
5. 为什么微波加速了反应的进程？

实验六十九　微波辐射合成乙酰苯胺

一、实验目的

1. 了解微波辐射下合成乙酰苯胺的原理。
2. 学习微波加热技术的原理和实验操作方法。

二、实验原理

苯胺的酰化在有机合成中有着重要的作用。在某些情况下，酰化可以避免氨基与其他官能团或试剂之间发生不必要的反应。因此常用酰化来保护氨基。

制备乙酰苯胺通常采用相对便宜的冰醋酸，反应式如下：

$$C_6H_5NH_2 + CH_3COOH \xrightleftharpoons{\text{加热}} C_6H_5NHCOCH_3$$

三、药品和仪器

药品：2.04g 苯胺，3.14g 冰醋酸。

仪器：25mL 圆底烧瓶，微型空气冷凝管，刺形分馏柱，300mL 烧杯，直型冷凝管，微波化学合成仪。

四、实验步骤

1. 在 25mL 圆底烧瓶中，加入 2mL 苯胺，3mL 冰醋酸，置于微波化学合成仪中[1]，装上空气冷凝管，刺形分馏柱，其上端装上一温度计，刺形分馏柱支管连接直型冷凝管并与接收瓶相连，接收瓶外部用冷水浴冷却。

2. 保持反应物微沸 5min，然后调至中档，当温度达 90℃时有液体流出，10min 左右结束（即收集水与醋酸体积量 0.9mL 左右）。这期间温度保持在 90～106℃之间，生成的水及大部分多余的醋酸已被蒸出。在搅拌下趁热将反应物倒入 40mL 冰水中，冷却抽滤析出固体[2]，用冷水洗涤。粗产物用水重结晶。产品 1.8～2g，熔点 113～114℃。纯乙酰苯胺熔点为：114.3℃。

五、注意事项

[1] 烧瓶置于微波炉底部时，微波对反应物作用可能太强烈，使反应难于控制。

[2] 在微波条件下反应制备乙酰苯胺，可得纯度高、晶型好的产物。

六、思考题

1. 乙酰苯胺生成机理是什么？

2. 为什么微波辐射能加速乙酰苯胺的合成反应？

实验七十　微波辐射合成乙酸乙酯

一、实验目的

1. 了解微波辐射下合成乙酸乙酯的原理。

2. 熟悉用微波加热技术合成乙酸乙酯的实验操作方法。

二、实验原理

在浓硫酸催化下，乙酸和乙醇生成乙酸乙酯。羧酸酯可由羧酸和醇在催化剂存在下直接酯化来进行制备。酸催化的直接酯化是实验室制备羧酸酯最重要的方法，常用的催化剂有硫酸、氯化氢和对甲磺酸等。一般采用加入过量的乙酸，以便使乙醇转化完全，避免由于乙醇和水及乙酸乙酯形成二元或三元恒沸物给分离带来困难。

$$CH_3CO_2H + CH_3CH_2OH \xrightleftharpoons{H_2SO_4} CH_3CO_2C_2H_5 + H_2O$$

三、药品和仪器

药品：2.4mL 浓硫酸，4.6mL 乙醇，12.86mL 冰醋酸，饱和碳酸钠，饱和氯化钙，饱和氯化钠水溶液，无水硫酸钠。

仪器：培养皿，1000mL 烧杯，25mL 圆底烧瓶，空气冷凝管，球形冷凝器，微波化学合成仪。

四、实验步骤

1. 在 25mL 圆底烧瓶中加入 2.9mL 冰醋酸和 4.6mL 乙醇，在摇动下，慢慢加入 1.5mL 浓硫酸，充分混合均匀后加入几粒沸石，装上回流装置，在微波化学合成仪中回流 1～2min，稍冷后，改为蒸馏装置，在相同的环境中加热蒸馏[1]，直至不再有馏出物为止，停止加热，得粗乙酸乙酯。

2. 在摇动下慢慢向粗产物中加入饱和碳酸钠水溶液，直到不再有二氧化碳气体逸出并使有机相 pH 值呈中性为止。将液体转入分液漏斗中，振摇后静置，分去水相，有机相用 2mL 饱和食盐水洗涤后[2]，再用饱和氯化钙洗涤两次，每次 2mL，弃去下层液，酯层转入干燥的锥形瓶，用无水硫酸镁干燥。将干燥后的粗产品乙酸乙酯滤入 25mL 蒸馏瓶中，在水浴上进行蒸馏，收集 73～78℃馏分，得产品 4.0～4.5g。

五、注意事项

［1］在微波反应条件下，浓硫酸的存在容易使有机物炭化，且乙醇的沸点低，固采用水浴加热。

［2］碳酸钠必须洗去，否则下一步用饱和氯化钙溶液洗去醇时，会产生絮状碳酸钙沉淀，造成分离困难。

六、思考题

1. 酯化反应有什么特点，本实验如何创造条件使反应尽量向生成物方向进行？

2. 本实验可能有哪些副反应？

3. 为什么微波加速了反应的进程？

实验七十一　微波辐射合成肉桂酸

一、实验目的

1. 了解微波辐射条件下合成肉桂酸的原理和方法。

2. 进一步掌握微波加热技术的原理和实验操作方法。

二、实验原理

本实验是在微波炉中进行常压反应，将反应物和溶剂放入常压所用的玻璃器皿中，装上常压装置，反应物和溶剂吸收微波能量后便升温。微波作用下反应体系能快速升温，并发生反应。芳香醛和醋酸在碱催化作用下，生成 α,β-不饱和芳香醛，称 Perkin 反应，催化剂通常是相应酸酐的羧酸钾或钠盐，有时也可用碳酸钾或叔胺代替。制备肉桂酸的反应方程式如下：

$$C_6H_5CHO + (CH_3CO)_2O \xrightarrow[K_2CO_3]{CH_3CO_2K\quad H^+} C_6H_5CH{=}CHCO_2H + CH_3CO_2H$$

三、药品和仪器

药品：1g 无水醋酸钾，2～5mL 醋酸，1.6mL 苯甲醛，固体碳酸钠，浓盐酸。

仪器：25mL 单口圆底烧瓶，空气冷凝管，200mL 烧杯，球形冷凝管，培养皿微波化学合成仪，水蒸气蒸馏装置。

四、实验步骤

1. 在 25mL 圆底烧瓶中，混合 1g 无水醋酸钾[1]、2.5mL 醋酸酸酐和 1.6mL 苯甲醛，装上回流装置，将微波火力调至低档，在微波化学合成仪中加热回流 15min[2]。反应完毕，将反应物趁热倒入 100mL 圆底烧瓶中，并以少量沸水冲洗反应瓶几次，使反应物全部转移至 100mL 烧瓶中，加入少量固体碳酸钠（约 2～3g），使溶液呈微碱性，在微波化学合成仪中进行简单水汽蒸馏至无油珠馏出为止。

2. 在残留液中加入少量活性炭，煮沸数分钟并趁热过滤，在搅拌下往热滤液中小心加入浓盐酸至呈酸性（pH=4），冷却，待结晶全部析出，抽滤收集，以少量冷水洗涤，干燥、产品约 1.89g，在 3∶1（乙醇∶水）的稀乙醇中进行重结晶，熔点 131.5～132℃。

五、注意事项

［1］无水醋酸钾需新鲜焙烧。水是极性物质能激烈吸收微波，影响反应吸收微波效率。

［2］反应进行到一定程度，可见有一黄色层在烧瓶内上层。

六、思考题

用无水醋酸钾作缩合剂，回流结束后加入固体碳酸钠，使溶液呈碱性，此时溶液中有哪几种化合物，各以什么形式存在?

附　录

附录一　溶剂干燥方法

一些溶剂因为种种原因总是含有杂质。这些杂质如果对溶剂的使用目的没有什么影响，则可直接使用；但若杂质对实验有影响或在进行一些特殊的化学反应时，必须将杂质除去。虽然除去全部杂质是有困难的，但至少应该将杂质减少到对使用没有防碍的限度。除去杂质的操作称为溶剂的精制。溶剂的精制几乎都要进行脱水，其次再除去其他的杂质。

溶剂中的水往往是在溶剂制备、处理或者发生副反应时作为副产物带入的；在保存的过程中溶剂吸潮也会混入水分。水的存在不仅对许多化学反应，还对重结晶、萃取、洗涤等一系列的化学实验操作都会带来不良影响。因此溶剂的脱水和干燥在化学实验中是重要的，又是经常进行的操作步骤。尽管在除去溶剂中的其他杂质时，往往需要加入水分，但杂质除去后还是要进行脱水，干燥。精制后充分干燥的溶剂在保存过程中往往还必须加入适当的干燥剂，以防止溶剂吸潮。溶剂脱水的方法有下列几种。

(1) 干燥剂脱水

这是液体溶剂常温下脱水干燥的最常使用的方法。干燥剂有固体、液体和气体，分为酸性物质、碱性物质、中性物质以及金属和金属氢化物，性质各有不同，在使用时要充分考虑干燥剂的特性和预干燥物的性质，才能有效达到干燥的目的。

在选择干燥剂时首先要确保被干燥的物质与干燥剂不发生任何反应；干燥剂兼做催化剂时，应不使溶剂发生分解、聚合，并且干燥剂与溶剂之间不形成加合物。此外，还要考虑到干燥速度，干燥效果和干燥剂的吸水量。在具体使用时，酸性物质的干燥最好选用酸性干燥剂；碱性物质的干燥用碱性干燥剂，中性物质的干燥用中性干燥剂。溶剂中有大量水存在时，应避免选用与水接触能着火（如金属钠等）或者剧烈发热的干燥剂，可以先选用氯化钙一类缓和的干燥剂进行干燥脱水，水分减少后再使用金属钠干燥。加入干燥剂后应搅拌，放置过夜。温度可以根据干燥剂的性质及对干燥速度的影响加以考虑。干燥剂的用量应稍有过剩。在水分多的情况下，干燥剂因吸水发生部分或全部溶解生成液状或泥状分为两层，此时应进行分离并加入新的干燥剂。

溶剂与干燥剂的分离一般采用倾析法，将残留物进行过滤，但过滤时间太长或周围的湿度过大会再次吸湿而使水分混入，可采用与大气隔绝的特殊过滤装置。有的干燥剂使用时有危险，可在安全箱内进行；安全箱在置有干燥剂（如无水五氧化二磷），使箱内充分干燥，或吹入干燥空气或氮气。使用分子筛或活性氧化铝等干燥剂时应填在玻璃管内，溶剂自上向下流动进行脱水，不与外界接触效果较好。大多数溶剂都可以用这种脱水方法，而且干燥剂还可以回收使用。

常用的干燥剂有：

① 金属，金属氢化物

Al、Ca、Mg：常用于醇类溶剂的干燥。

Na、K：适用于烃、醚、环己胺、液氨等溶剂的干燥。注意用于卤代烃时有爆炸危险，绝对不能使用。也不能用于干燥甲醇、酯、酸、酮、醛与某些胺等。醇中含有微量的水分可加入少量金属钠直接蒸馏。

CaH_2：1g 氢化钙定量与 0.85g 水反应，因此比碱金属，五氧化二磷干燥效果好。适用于烃、卤代烃、醇、胺、醚等，特别是四氢呋喃等环醚、二甲亚砜、六甲基磷酰胺等溶剂的干燥。有机反应常用的极性非质子溶剂也是用此法进行干燥的。

$LiAlH_4$：常用醚类等溶剂的干燥。

② 中性干燥剂

$CaSO_4$、$NaSO_4$、$MgSO_4$：适用于烃、卤代烃、醚、酯、硝基甲烷、酰胺、腈等溶剂的干燥。

$CuSO_4$：无水硫酸铜为白色，含有 5 个分子的结晶水时变成蓝色，常用于检测溶剂中微量水分。$CuSO_4$ 适用于醇、醚、酯，低级脂肪酸的脱水，甲醇与 $CuSO_4$ 能形成加成物，故不宜使用。

CaC_2：适用于醇干燥。注意使用纯度差的碳化钙（乙炔钙）时，会产生硫化氢和磷化氢等恶臭气体。

$CaCl_2$：适用于干燥烃、卤代烃、醚、硝基化合物、环已胺、腈、二硫化碳等。其能与伯醇、甘油、酚，某些类型的胺、酯等形成加成物，故不适用。

活性氧化铝：适用于烃、胺、酯、甲酰胺的干燥。

分子筛：分子筛在水蒸气分压低和温度高时吸湿容量都很显著，与其他干燥剂相比，吸湿能力非常大。表 1 为各种干燥剂的吸湿能力比较（指常温下用足够量的干燥剂干燥 1L 空气后残存水分的毫克数）。分子筛在各种干燥剂中，其吸湿能力仅次于五氧化二磷。由于各种溶剂几乎都可以用分子筛脱水，故在实验室和工业上获得广泛的应用。

③ 碱性干燥剂

KOH、NaOH：适用于干燥胺等碱性物质和四氢呋喃类环醚。酸、酚、醛、酮、醇、酯、酰胺等不适用。

K_2CO_3：适用于碱性物质、卤代烃、醇、酮、酯、腈、溶纤剂等溶剂的干燥。不适用于酸性物质。

BaO、CaO：适用于干燥醇、碱性物质、腈、酰胺。不适用于酮、酸性物质和酯类。

④ 酸性干燥剂

H_2SO_4：适用于干燥饱和烃、卤代烃、硝酸、溴等。醇、酚、酮、不饱和烃等不适用。

P_2O_5：适用于烃、卤代烃、酯、乙酸、腈、二硫化碳、液态二氧化硫的干燥。醚、酮、醇、胺等不适用。

表1 各种干燥剂的吸湿能力

干燥剂	1L空气中的残留水分/mg	再生温度/℃
五氧化二磷	2×10^{-5}	—
氢氧化钾(熔融)	3×10^{-3}	—
浓硫酸	3×10^{-3}	—
无水硫酸钙	4×10^{-3}	230～250
氧化镁	8×10^{-3}	—
氢氧化钠(熔融)	1.6×10^{-1}	—
氧化钙	2×10^{-1}	300
无水氯化钙	2×10^{-1}	—
95%硫酸	3×10^{-1}	—
无水硫酸铜	1.4	400
分子筛	1×10^{-4}	200～400
活性氧化铝	1.8×10^{-3}	180
硅胶	6×10^{-3}	150

(2) 分馏脱水

沸点与水的沸点相差较大的溶剂可以用分馏效率高的蒸馏塔（精馏塔）进行脱水，这是一般常用的脱水方法。

(3) 共沸蒸馏脱水

与水生成共沸物的溶剂不能采用分馏脱水的方法。如果含有极微量水分的溶剂，通过共沸蒸馏，虽然溶剂有少量的损失，但却能脱去大部分水。多数溶剂都能与水组成共沸混合物。

(4) 蒸发、蒸馏干燥

被干燥的溶剂很难挥发而不能与水组成共沸混合物的，可以通过加热或减压蒸馏使水分优先除去。例如，乙二醇、乙二醇-丁醚、二甘醇-乙醚、聚乙二醇、聚丙二醇、甘油等溶剂都适用。

(5) 用干燥的气体进行干燥

难挥发的溶剂进行干燥时，一般慢慢回流，吹入充分干燥的空气或氮气，气体带走溶剂中的水分，从冷凝器末端的干燥管中放出。此法适用于乙二醇、甘油等溶剂的干燥。

(6) 其他

在特殊情况下，乙酸脱水可采用在乙酸中加入与所含水等物质的量的乙酐，或者直接加入乙酐干燥。甲酸的脱水可用无水硼酸进行干燥，硼酸高温加热熔融、冷却粉碎后即得到无水硼酸。此外，还有冷却干燥的方法。如烃类用冷冻剂冷却，其中水分结成冰而达到脱水目的。

附录二　溶剂的精制方法

一般通过蒸馏或精馏的方法可得到几乎接近纯品的溶剂。然而对于一些用精馏塔难以将杂质分离的溶剂，必须将这些杂质预先除去，常用方法是分子筛法。分子筛按照其有效直径进行分类，例如有效直径为3Å的分子筛称3A分子筛，4Å的称4A分子筛，5Å的称5A分子筛，9Å的称10X分子筛，10Å的称13X分子筛。表2为各种分子所选用的分子筛类型。例如用5A分子筛可以从丁醇异构体混合物中吸附分离正丁醇，用4A分子筛分离甲胺和二甲胺。采用方法与干燥剂脱水方法相同，用填充层装置较好。

溶剂进行精制时，其装置、器皿等材料的选择对溶剂的纯度有影响，一般使用玻璃仪器较好。

表2　各种分子筛所吸附的主要分子

3A	4A	5A	10X	13X
H_2	CH_4	C_3H_8	$CHCl_3$	1,3,5-三甲苯
O_2	C_2H_6	C_4H_{10}	$CHBr_3$	
CO	CH_3OH	C_2H_5Cl	$(CH_3)_2CHOH$	
CO_2	CH_3CN	C_2H_5Br	$(CH_3)_2CHCl$	
NH_3	CH_3NH_2	C_2H_5OH	*iso*-C_4H_{10}	
H_2O	CH_3Cl	$C_2H_5NH_2$	$(CH_3)_3N$	
	CH_3Br	CH_2Cl_2	$(C_2H_5)_3N$	
	C_2H_2	CH_2Br_2	$C(CH_3)_4$	
	CS_2	$(CH_3)_2NH$	$C(CH_3)_3Cl$	
		CH_3I	$C(CH_3)_3OH$	
			CCl_4	
			C_6H_6	
			$C_6H_5CH_3$	
			$C_6H_4(CH_3)_2$	
			环己烷	
			噻吩	
			呋喃	
			吡啶	
			二噁烷	
			萘	
			喹啉	

(1) 脂肪烃的精制

脂肪烃中易混有不饱和烃和硫化物，可加入硫酸搅拌至硫酸不再呈色为止，用碱中和和洗涤，再水洗，干燥蒸馏。

(2) 芳香烃的精制

与脂肪烃的精制相同。苯可用重结晶精制。

(3) 卤代烃的精制

卤代烃含水、酸、同系物及不挥发物等，在水和光的作用下可能生成光气和氯化氢以及含有醇、酚、胺等添加的稳定剂。精制时用浓硫酸洗涤数次至无杂色为止，以除去醇及其他有机杂质。然后用稀碱溶液煮沸，再水洗，干燥后蒸馏。

(4) 醇的精制

醇中主要的杂质是水，可参照溶剂的脱水干燥进行精制。

(5) 酚的精制

酚中含有水，同系物以及制备时的副产物等杂质，可用精馏或重结晶精制。甲酚有邻、间、对位三种异构体。邻位异构体用精馏分离；间位异构体与醋酸钠形成络合物，或与2,6-二甲基吡啶、尿素形成加成物而分离。

(6) 醚、缩醛的精制

醚、缩醛的主要杂质是水、原料及过氧化物。在二噁烷及四氢呋喃中尚含有酚类等稳定剂。精制时用亚硫酸氢钠洗涤，再依次用稀碱、硫酸、水洗涤，干燥后蒸馏。因为蒸馏时往往有过氧化物生成，因此注意蒸馏到干涸之前必须停止，以免发生爆炸事故。

(7) 酮的精制

酮中主要的杂质是水、原料、酸性物等杂质，脱水后通过分馏达到精制的目的。有还原性物质存在时，加入高锰酸钾固体，摇动，放置3～4日到紫色消失后蒸馏，再进行脱水分馏。需要特别纯的酮时，可加入亚硫酸氢钠与酮形成加成物，重结晶后用碳酸钠将加成物分解，蒸馏，再进行脱水，分馏，得到精制产物。苯乙酮可用重结晶精制。

(8) 脂肪酸、酸酐的精制

脂肪酸中主要含水、醛、同系物等杂质。甲酸除水之外其余的杂质可用蒸馏除去。其他脂肪酸可用高锰酸钾等氧化剂一起蒸馏，馏出物再用五氧化二磷干燥分馏。乙酸也可用重结晶精制。乙酐的杂质主要是乙酸，用精馏可达到精制的目的。

(9) 酯的精制

酯中主要的杂质有水、原料（有机酸和醇）。用碳酸钠水溶液洗涤，水洗后干燥，精馏以精制。

(10) 含氮化合物的精制

① 硝基化合物

主要杂质是同系物。脂肪族硝基化合物加中性干燥剂放置脱水后分馏，芳香族硝基化合物用稀硫酸、稀碱溶液洗涤，水洗后加氯化钙脱水分馏。硝基化合物在蒸馏结束前，蒸馏烧瓶内应保持少量残液，以防止爆炸。

② 腈

主要杂质是水、同系物。乙腈能与大多数有机物形成共沸物，很难精制。水可用共沸蒸馏除去，高沸点杂质用精馏除去。也可以加五氧化二磷回流，常压蒸馏。

③ 胺

胺中主要含有同系物、醇、水、醛等杂质。胺分为伯、仲、叔胺。

甲胺的精制：从其水溶液中萃取，蒸馏，以除去三甲胺；分馏以除去二甲胺；纯品甲胺的精制可将甲胺盐酸盐用干燥的氯仿萃取，用醇重结晶数次，用过量的氢氧化钾分解。气态甲胺用固体氢氧化钾干燥，氧化银除去氨，再经冷冻剂冷却以液化精制。

二甲胺的精制：加压下精馏除去甲胺，或将二甲胺盐用乙醇重结晶，氢氧化钾分解后通过活性氧化铝，并用冷冻剂冷却液化得到纯品。

三甲胺的精制：其精制用萃取蒸馏或共沸蒸馏。加乙酐蒸馏，伯胺和仲胺发生乙酰化沸点增高，分馏便可得到三甲胺。

④ 酰胺

含有水、胺、酯、铵盐等杂质，用分子筛脱水后精制。

(11) 硫化物的精制

二氧化硫含有水、硫、硫化物等杂质，用玻璃蒸馏器精馏。二甲亚砜用分子筛或氢氧化钙脱水后，用玻璃蒸馏器精馏。

附录三 常用有机溶剂的纯化

在有机化学实验中，经常使用各类溶剂作为反应介质或用来分离提纯粗产物。由于反应的特点和物质的性质不同，对溶剂规格的要求也不相同。有些反应（如格氏试剂的制备反应）对溶剂的要求较高，即使微量杂质或水分的存在，也会影响实验的正常进行。这种情况下，就需对溶剂进行纯化处理，以满足实验的正常要求。这里介绍几种实验室中常用的有机溶剂的纯化方法。

甲苯

分子量 92.13，沸点（760mmHg,℃）110.625，相对密度（20℃/25℃）0.86694/0.86230。

精制方法：甲苯是由煤焦油的分馏或石油的芳构化而获得的。因此，其中混有苯、二甲苯、烷烃以及微量的甲基噻吩等。精制时一般用浓硫酸洗涤除去噻吩。为了防止发生磺化反应，温度必须控制在30℃以下。分去硫酸层后，再加入新的硫酸洗涤，直到硫酸不再呈色为止。依次加入10%碳酸钠水溶液和水洗涤，无水氯化钙干燥，蒸馏。甲苯中的微量水分，可用金属钠或五氧化二磷做干燥剂除去。

实验室工作中用到氢化钙回流2～3h，再分馏精制。

正己烷

分子量 86.17，沸点（760mmHg,℃）68.7，相对密度（20℃/4℃）0.659。

精制方法：己烷是从天然汽油、直馏汽油或轻馏分获得的，故杂质是沸点相近的烃类、苯和水。去除沸点相近的化合物非常困难。除去苯可用等体积的硝化剂［58%（质量分数）浓硫酸，25%（质量分数）浓硝酸，17%（质量分数）水的混合物］一起摇动8h后分层，分去混酸后，分别用浓硫酸、碱和水洗涤。水分的除去可用无水氯化钙、金属钠、五氧化二磷和分子筛等，最后再分馏精制。

四氢呋喃

沸点 67℃（64.5℃），折射率 1.4050，相对密度 0.8892。

四氢呋喃可由 1,4-丁二醇脱水或呋喃氢化而得。除含有制造过程中带入的杂质外，还含有为了防止自氧化作用而加入的各种抗氧剂。精制之前必须检查有无过氧化物存在，否则不能进行蒸馏或加热蒸发，以免发生爆炸。过氧化物的检查方法与乙醚相同，可用 2%酸性碘化钾溶液进行。过氧化物可用硫酸亚铁和硫酸氢钠的混合水溶液处理除去。或将四氢呋喃通过活性氧化铝以除去过氧化物。一般的精制方法是将四氢呋喃与四氢化铝锂一起回流（通常 1000mL 约需 2～4g 四氢化铝锂），然后在氢化铝锂存在下蒸馏，收集 66℃的馏分（蒸馏时不要蒸干，剩余少量残液即倒出），即可除去水、过氧化物、抗氧剂和其他杂质。回流和蒸馏应在氮气流下进行，并应先用小量进行实验，确定其含水和过氧化物不多，反应不过于激烈时方可进行。也可在除去过氧化物后，用氯化钙和无水硫酸钠干燥、过滤、分馏的方法进行精制。精制后的液体加入钠丝并应在氮气氛中保存。

实验室方法：将钠剪成小块加入到甲苯中，然后接上冷凝管至回流，趁热把钠的热苯溶液猛摇制成钠砂（很细小的钠颗粒，越小越好），然后倒出甲苯，接着把四氢呋喃倒进去，加入少量的二苯酮回流至溶液呈蓝色就可以回收溶剂。如果 2h 之后还没有变色可再加入一点二苯酮，还不变色就是钠不够多，再加入一些钠至溶液变蓝。

乙醚

沸点 34.51℃，折射率 1.3526，相对密度 0.71378。

普通乙醚常含有 2%乙醇和 0.5%水。久藏的乙醚常含有少量过氧化物。过氧化物的检验和除去：在干净和试管中放入 2～3 滴浓硫酸，1mL 2%碘化钾溶液（若碘化钾溶液已被空气氧化，可用稀亚硫酸钠溶液滴到黄色消失）和 1～2 滴淀粉溶液，混合均匀后加入乙醚，出现蓝色即表示有过氧化物存在。除去过氧化物可用新配制的硫酸亚铁稀溶液（配制方法是 60g $FeSO_4 \cdot 7H_2O$、100mL 水和 6mL 浓硫酸）。将 100mL 乙醚和 10mL 新配制的硫酸亚铁溶液放在分液漏斗中洗数次，至无过氧化物为止。

醇和水的检验和除去：乙醚中放入少许高锰酸钾粉末和一粒氢氧化钠。放置后，氢氧化钠表面附有棕色树脂，即证明有醇存在。水的存在用无水硫酸铜检验。先用无水氯化钙除去大部分水，再经金属钠干燥。其方法是：将 100mL 乙醚放在干燥锥形瓶中，加入 20～25g 无水氯化钙，瓶口用软木塞塞紧，放置一天以上，并间断摇动，然后蒸馏，收集 33～37℃的馏分。用压钠机将 1g 金属钠直接压成钠丝放于盛乙醚的瓶中，用带有氯化钙干燥管的软木塞塞住。或在木塞中插一末端拉成毛细管的玻璃管，这样，既可防止潮气浸入，又可使产生的气体逸出。放置至无气泡发生即可使用；放置后，若钠丝表面已变黄变粗时，须再蒸一次，然后再压入钠丝。

乙醇

沸点 78.5℃，折射率：1.3616，相对密度 0.7893。

制备无水乙醇的方法很多，根据对无水乙醇质量的要求不同而选择不同的方法。若要求 98%～99%的乙醇，可采用下列方法：

① 利用苯、水和乙醇形成低共沸混合物的性质，将苯加入乙醇中，进行分馏，在 64.9℃时蒸出苯、水、乙醇的三元恒沸混合物，多余的苯在 68.3℃与乙醇形成二元恒沸混合物被蒸出，最后蒸出乙醇。工业多采用此法。

② 用生石灰脱水。于 100mL 95%乙醇中加入新鲜的块状生石灰 20g，回流 3～5h，然后进行蒸馏（详见实验十九）。

若要 99%以上的乙醇，可采用下列方法：

① 在 100mL 99%乙醇中，加入 7g 金属钠，待反应完毕，再加入 27.5g 邻苯二甲酸二乙酯或 25g 草酸二乙酯，回流 2～3h，然后进行蒸馏。金属钠虽能与乙醇中的水作用，产生氢气和氢氧化钠，但所生成的氢氧化钠又与乙醇发生平衡反应，因此单独使用金属钠不能完全除去乙醇中的水，须加入过量的高沸点酯，如邻苯二甲酸二乙酯与生成的氢氧化钠作用，抑制上述反应，从而达到进一步脱水的目的。

② 在 60mL 99%乙醇中，加入 5g 镁和 0.5g 碘，待镁溶解生成醇镁后，再加入 900mL 99%乙醇，回流 5h 后，蒸馏，可得到 99.9%乙醇。由于乙醇具有非常强的吸湿性，所以在操作时，动作要迅速，尽量减少转移次数以防止空气中的水分进入，同时所用仪器必须事前干燥好。

丙酮

沸点 56.2℃，折射率 1.3588，相对密度 0.7899。

市售丙酮中往往含有甲醇、乙醛和水等杂质，可用下述方法提纯：在 250mL 圆底烧瓶中，加入 100mL 丙酮和 0.5g 高锰酸钾，安装回流冷凝管，水浴加热回流。若混合液紫色很快消失，则需补加少量高锰酸钾，继续回流，直到紫色不再消失为止。改成蒸馏装置，加入几粒沸石，水浴加热蒸出丙酮。用无水碳酸钾干燥 1h。将干燥好的丙酮倾入 250mL 圆底烧瓶中，加入沸石，安装蒸馏装置（全部仪器均须干燥!）。水浴加热蒸馏，收集 55.0～56.5℃馏分。

乙酸乙酯

沸点 77.06℃，折射率 1.3723，相对密度 0.9003。

乙酸乙酯一般含量为 95%～98%，含有少量水、乙醇和乙酸。可用下法纯化：于 1000mL 乙酸乙酯中加入 100mL 乙酸酐，10 滴浓硫酸，加热回流 4h，除去乙醇和水等杂质，然后进行蒸馏。馏液用 20～30g 无水碳酸钾振荡，再蒸馏。产物沸点为 77℃，纯度可达以上 99%。

石油醚

石油醚是低级烷烃的混合物。根据沸程范围不同可分为 30～60℃、60～90℃和 90～120℃等不同规格。石油醚中常含有少量沸点与烷烃相近的不饱和烃，难以用蒸馏法进行分离，此时可用浓硫酸和高锰酸钾将其除去，方法如下：在 150mL 分液漏斗中，加入 100mL 石油醚，用 10mL 浓硫酸分两次洗涤，再用 10%硫酸与高锰酸钾配制的饱和溶液洗涤，直至水层中紫色不再消失为止。用蒸馏水洗涤两次后，将石油醚倒入干燥的锥形瓶中，加入无水氯化钙干燥1h。蒸馏，收集需要规格的馏分。

苯

沸点80.1℃，折射率：1.5011，相对密度0.87865。

普通苯常含有少量水和噻吩，噻吩沸点84℃，与苯接近，不能用蒸馏的方法除去。噻吩的检验：取1mL苯加入2mL溶有2mg吲哚醌的浓硫酸，振荡片刻，若酸层呈蓝绿色，即表示有噻吩存在。噻吩和水的除去：将苯装入分液漏斗中，加入相当于苯体积1/7的浓硫酸，振摇使噻吩磺化，弃去酸液，再加入新的浓硫酸，重复操作几次，直到酸层呈现无色或淡黄色并检验无噻吩为止。将上述无噻吩的苯依次用10%碳酸钠溶液和水洗至中性，再用氯化钙干燥，进行蒸馏，收集80℃的馏分，最后用金属钠脱去微量的水得无水苯。

氯仿

沸点61.7℃，折射率1.4459，相对密度1.4832。

氯仿在日光下易氧化成氯气、氯化氢和光气（剧毒），故氯仿应贮于棕色瓶中。市场上供应的氯仿多用1%酒精做稳定剂，以消除产生的光气。氯仿中乙醇的检验可用碘仿反应；游离氯化氢的检验可用硝酸银的醇溶液。除去乙醇可将氯仿用其1/2体积的水振摇数次分离下层的氯仿，用氯化钙干燥24h，然后蒸馏。也可用以下方法纯化：将氯仿与少量浓硫酸一起振动两三次。每200mL氯仿用10mL浓硫酸，分去酸层以后的氯仿用水洗涤，干燥，然后蒸馏。除去乙醇后的无水氯仿应保存在棕色瓶中并避光存放，以免光化作用产生光气。

二氯甲烷

沸点40℃，折射率1.4242，相对密度1.3266。

使用二氯甲烷比氯仿安全，因此常常用它来代替氯仿作为比水重的萃取剂。普通的二氯甲烷一般都能直接做萃取剂用。如需纯化，可用5%碳酸钠溶液洗涤，再用水洗涤，然后用无水氯化钙干燥，蒸馏收集40～41℃的馏分，保存在棕色瓶中。

二硫化碳

沸点46.25℃，折光率1.6319，相对密度1.2632。

二硫化碳为有毒化合物，能使血液、神经组织中毒，具有高度的挥发性和易燃性，因此，使用时应避免与其蒸气接触。对二硫化碳纯度要求不高的实验，在二硫化碳中加入少量无水氯化钙干燥几小时，在水浴55～65℃下加热蒸馏、收集。如需要制备较纯的二硫化碳，在试剂级的二硫化碳中加入0.5%高锰酸钾水溶液洗涤三次。除去硫化氢再用汞不断振荡以除去硫；最后用2.5%硫酸汞溶液洗涤，除去所有的硫化氢（洗至没有恶臭为止），再经氯化钙干燥，蒸馏收集。

N,*N*-二甲基甲酰胺（DMF）

沸点149～156℃，折射率1.4305，相对密度0.9487。

无色液体，与多数有机溶剂和水可任意混合，对有机和无机化合物都有较好的溶解能力。

N,*N*-二甲基甲酰胺含有少量水分。常压蒸馏时会分解，产生二甲胺和一氧化碳。在有酸或碱存在时，分解加快，加入固体氢氧化钾（钠）在室温放置数小时后，即有部分分解。因此，最常用硫酸钙、硫酸镁、氧化钡、硅胶或分子筛干燥，然后减压蒸馏，收集 76℃/4800Pa（36mmHg）的馏分。其中如含水较多时，可加入其 1/10 体积的苯，在常压及 80℃以下蒸去水和苯，然后再用无水硫酸镁或氧化钡干燥，最后进行减压蒸馏。纯化后的 *N*,*N*-二甲基甲酰胺要避光贮存。*N*,*N*-二甲基甲酰胺中如有游离胺存在，可用 2,4-二硝基氟苯产生颜色来检查。

二甲基亚砜（DMSO）

沸点 189℃，熔点 18.5℃，折射率 1.4783，相对密度 1.100。

二甲基亚砜能与水混合，可用分子筛长期放置加以干燥，然后减压蒸馏，收集 76℃/1600Pa（12mmHg）馏分。蒸馏时，温度不可高于 90℃，否则会发生歧化反应，生成二甲砜和二甲硫醚。也可用氧化钙、氢化钙、氧化钡或无水硫酸钡来干燥，然后减压蒸馏。也可用部分结晶的方法纯化。

二甲基亚砜与某些物质混合时可能发生爆炸，例如氢化钠、高碘酸或高氯酸镁等应予注意。

甲醇

沸点 64.96℃，折射率 1.3288，相对密度 0.7914。

普通未精制的甲醇含有 0.02%丙酮和 0.1%水。而工业甲醇中这些杂质的含量达 0.5%～1%。为了制得纯度达 99.9%以上的甲醇，可将甲醇用分馏柱分馏。收集 64℃的馏分，再用镁去水（与制备无水乙醇相同）。甲醇有毒，处理时应防止吸入其蒸气。

吡啶

沸点 115.5℃，折射率 1.5095，相对密度 0.9819。

分析纯的吡啶含有少量水分，可供一般实验用。如要制得无水吡啶，可将吡啶与粒状氢氧化钾（钠）一同回流，然后隔绝潮气蒸出备用。干燥的吡啶吸水性很强，保存时应将容器口用石蜡封好。

二氧六环

沸点 101.5℃，熔点 12℃，折射率 1.4424，相对密度 1.0336。

二氧六环能与水任意混合，常含有少量二乙醇缩醛与水，久贮的二氧六环可能含有过氧化物（鉴定和除去参阅乙醚）。二氧六环的纯化方法，在 500mL 二氧六环中加入 8mL 浓盐酸和 50mL 水的溶液，回流 6～10h，在回流过程中，慢慢通入氮气以除去生成的乙醛。冷却后，加入固体氢氧化钾，直到不能再溶解为止，分去水层，再用固体氢氧化钾干燥 24h。过滤后，在金属钠存在下加热回流 8～12h，最后在金属钠存在下蒸馏，压入钠丝密封保存。精制过的 1,4-二氧环已烷应当避免与空气接触。

参考文献

[1] 李兆陇，阴金香，林天舒. 有机化学实验. 北京：清华大学出版社，2001.

[2] 周科衍，高占先. 有机化学实验. 第 2 版. 北京：高等教育出版社，1996.

[3] 李明，李国强，杨丰科. 基础有机化学实验. 北京：化学工业出版社，2001.

[4] 黄涛. 有机化学实验. 第 2 版. 北京：高等教育出版社，1998.

[5] 周宁怀，王德林. 微型有机化学实验. 北京：科学出版社，1999.

[6] 兰州大学，复旦大学. 有机化学实验. 第 2 版. 北京：高等教育出版社，1994；兰州大学，有机化学实验. 第 3 版. 北京：高等教育出版社，2010.

[7] 曾昭琼. 有机化学实验. 第 2 版. 北京：高等教育出版社，1987.

[8] John A. Landgrebe Theory and practice in the organic laboratory：with microscale and standard scale experiments Pacific Grove. Calif：Brooks/Cole Pub，1993.

[9] Charles F Wilcox，Jr，Mary F Wilcox. Experimental organic chemistry：a small-scale approach Englewood Cliffs. N J：Prentice-Hall，1995.

[10] Gilbert，John C. Experimental organic chemistry：a miniscale and microscale approach Pacific Grove. Calif：Brooks/Cole-Thmoson Learning，2002.

[11] Royston M Roberts，John C Gilbert，Stephen F Martin. Experimental organic chemistry：a miniscale approach. New York：Saunders College，1994.